电工电子技术基础

主　编　郭宝清
副主编　侯传龙　金长友
主　审　张加华

哈尔滨工程大学出版社
Harbin Engineering University Press

内 容 简 介

本书共分 10 章,主要介绍直流电路、正弦交流电路、高频电路器件、工厂供电与安全用电电工测量、变压器、电动机及其应用、常用半导体器件、基本放大器、集成运算放大器、电源电路及其应用。

本书可以作为高等职业院校电子、通信、机电类专业和相关专业的教材,也可以作为相关岗位的岗前培训教材。

图书在版编目(CIP)数据

电工电子技术基础/郭宝清主编. —哈尔滨:哈尔滨工程大学出版社,2018.10
ISBN 978 - 7 - 5661 - 2074 - 8

Ⅰ.①电… Ⅱ.①郭… Ⅲ.①电工技术②电子技术
Ⅳ.①TM ②TN

中国版本图书馆 CIP 数据核字(2018)第 185226 号

选题策划 马佳佳
责任编辑 张忠远 姜 珊
封面设计 博鑫设计

出版发行 哈尔滨工程大学出版社
社 址 哈尔滨市南岗区南通大街 145 号
邮政编码 150001
发行电话 0451 - 82519328
传 真 0451 - 82519699
经 销 新华书店
印 刷 哈尔滨市石桥印务有限公司
开 本 787mm×1 092mm 1/16
印 张 14
字 数 370 千字
版 次 2018 年 10 月第 1 版
印 次 2018 年 10 月第 1 次印刷
定 价 36.00 元
http://www.hrbeupress.com
E-mail:heupress@ hrbeu.edu.cn

前　言

根据教育部《关于加强高职高专教育人才培养工作的意见》精神,本书编委会根据现有高等职业学生实际情况,结合编委多年教学经验,组织编写了《电工电子技术基础》。本书突出讲述电工电子技术的基本理论、基本知识与基本技能,力求使本书内容的讲述深入浅出。为了突出高等职业教育的特点,本书删除一些数学推导内容,降低了理论深度,将知识点与能力点紧密结合,注重培养学生的基础能力和实践应用能力。

本书共 10 章,主要内容有直流电路、正弦交流电路、高频电路器件、工厂供电与安全用电电工测量、变压器、电动机及其应用、常用半导体器件、基本放大器、集成运算放大器、电源电路及其应用。

本书由郭宝清担任主编,侯传龙、金长友担任副主编,张加华担任主审。郭宝清编写了第 1 章、第 4 章、第 6 章、第 10 章;侯传龙、宁和平编写了第 2 章;王子车编写了第 3 章;杨本原、李强编写了第 5 章;刘立强编写了第 7 章;金长友编写了第 8 章与第 9 章。本书在编写过程中,得到了哈尔滨工程大学出版社编辑人员及其他高等职业院校领导及有关同志的指导、支持和帮助,编者在此一并表示感谢。

由于时间仓促、编者水平有限,书中难免有不妥之处,敬请同行们给予批评指正。

编　者

2018 年 6 月

目　　录

第1章

直 流 电 路

1.1　电路的组成

1.1.1　电路

电路就是电流流过的路径。电路的主要作用是实现电能的传输、分配和转换,还能实现信号的传递和处理。如白炽灯在电流流过时,将电能转换成热能和光能;电视机将接收到的信号经过处理后,转换成图像和声音。

1.1.2　模型电路

在电路的分析计算中,用一个假定的二端元件(如电阻元件)来代替实际元件(如白炽灯),二端元件的电和磁的性质反映了实际电路元件的电和磁的性质,称这个假定的二端元件为理想电路元件,如图1-1所示。

由理想电路元件组成的电路称为理想电路模型,简称电路模型,如图1-2所示。

图1-1　理想电路元件　　　　　图1-2　电路模型

1.2　电路的主要物理量

1.2.1　电流

单位时间内流过导体横截面的电荷[量]定义为电流强度,用以衡量电流的大小。电工技术中,常把电流强度简称为电流,用i(或I)表示。随时间而变化的电流定义为

$$i = \frac{\mathrm{d}q}{\mathrm{d}t} \qquad\qquad (1-1)$$

式中 $\overset{\cdot}{q}$——随时间 t 变化的电荷量。

在电场力的作用下,电荷有规则地定向移动,形成了电流。规定正电荷的方向为电流的实际方向。若 $\frac{\mathrm{d}q}{\mathrm{d}t}$ 等于常数,则称这种电流为恒定电流,简称直流。大写字母 U、I 表示电压、电流为恒定量,不随时间变化,一般称作直流电压、直流电流。小写字母 u、i 表示电压、电流随时间变化,一般称作交流电压、交流电流。

国际单位制(SI)中,在 1 s 内通过导体横截面积的电荷量为 1 C(库[仑])时,其电流为 1 A(安[培])。

电流的方向可用箭头表示,也可用字母顺序表示,如图 1-3 所示。用双下标表示为 i_{ab}。

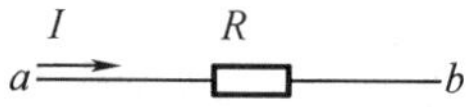

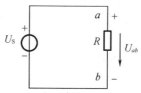

图 1-3　电流的方向表示

1.2.2　电压

单位正电荷 q 从电场中的 a 点移到 b 点,电场力所做的功为 w,那么 a、b 两点间的电压用 U_{ab} 表示,即

$$U_{ab} = \frac{\mathrm{d}w}{\mathrm{d}q} \qquad\qquad (1-2)$$

人们习惯上把电位降低的方向作为电压的实际方向,可用"＋""－"表示,也可用字母的双下标表示,有时也可用箭头表示,如图 1-4 所示。

图 1-4　电压的方向表示

在国际单位制中,当电场力把 1 C(库[仑])的正电荷[量]从一点移到另一点所做的功为 1 J(焦[耳]),则这两点间的电压为 1 V(伏[特])。

有时把电路中任一点与参考点(规定电位能为零的点)之间的电压称为该点的电位,也就是该点对参考点所具有的电位能。参考点的电位为零可用符号"⊥"表示。电位的单位与电压相同,用 V(伏[特])表示。电路中两点间的电压也可用两点间的电位差来表示,即

$$V_{ab} = V_a - V_b \qquad\qquad (1-3)$$

电场中两点间的电压是不变的,电位随参考点(零电位点)选择的不同而不同。

1.2.3　电动势

非电场力,即利用外力把单位正电荷在电源内部由低电位 b 端移到高电位 a 端所做的

功,称为电动势,用字母 e(或 E)表示

$$e(t) = \frac{\mathrm{d}w}{\mathrm{d}t} \qquad (1-4)$$

电动势的实际方向在电源内部从低电位指向高电位,单位与电压相同,用 V(伏[特])表示。

如图 1-5 所示,电压是电场力把单位正电荷由外电路从 a 点移到 b 点所做的功,由高电位指向低电位。电动势是非电场力在电源内部把单位正电荷克服电场阻力,从 b 点移到 a 点所做的功。如图 1-6 所示的直流电源在没有与外电路连接的情况下,电动势与两端电压大小相等,方向相反。

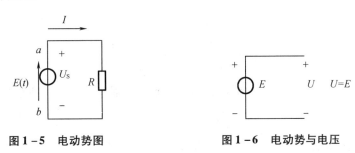

图 1-5 电动势图　　　　　图 1-6 电动势与电压

1.3　电流、电压的参考方向

在电路的分析计算中,流过某一段电路或某一元件的电流实际方向或两端电压的实际方向事先往往不知道,我们可以任意假定一个电流方向或电压方向,当假定的电流方向或电压方向与实际方向一致则取正,相反则取负。假定的电流、电压方向称为电流、电压的参考方向。

1.3.1　电流的参考方向及实际方向

图 1-7(a)中电流的参考方向与实际方向一致,$I > 0$;图 1-7(b)中电流的参考方向与实际方向相反,$I < 0$。

实际方向用虚线表示,参考方向用实线表示,下同。

(a)　　　　　　　　　　　　　(b)

图 1-7 电流参考方向

(a)电流的参考方向与实际方向一致;(b)电流的参考方向与实际方向相反

1.3.2　电压的参考方向

如图 1-8(a)所示电压参考方向与实际方向一致,$U > 0$;如图 1-8(b)所示电压参考方

向与实际方向相反,$U<0$。由此可知,电流、电压都是代数量。

电流的参考方向与电压的参考方向选取一致,称为关联参考方向,如图 1-9 所示。

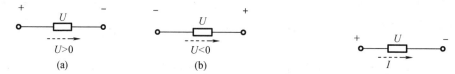

图 1-8　电压参考方向　　　　图 1-9　电压、电流关联参考方向

(a)电压参考方向与实际方向一致;(b)电压参考方向与实际方向相反

1.4　功　　率

电能对时间的变化率,称为功率,也就是电场力在单位时间内所做的功,即

$$P = \frac{\mathrm{d}w}{\mathrm{d}t} \tag{1-5}$$

在国际单位制中,功率的单位是 W(瓦特)。

如图 1-10 所示,电阻两端的电压是 U,流过的电流是 I,是关联参考方向。

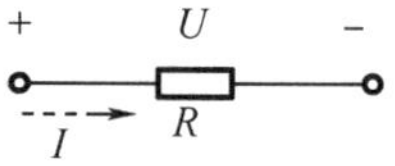

图 1-10　电阻的功率图

则电阻吸收的功率为

$$P = UI$$

电阻在 t 时间内所消耗的电能为

$$W = Pt$$

元件两端电压和流过的电流在关联参考方向下时,有

(1)$P = UI > 0$,则元件吸收功率;

(2)$P = UI < 0$,则元件发出功率。

元件两端电压和流过的电流在非关联参考方向下时,有

(1)$P = UI > 0$,则元件发出功率;

(2)$P = UI < 0$,则元件吸收功率。

对任意一个电路元件,当流经元件的电流实际方向与元件两端电压的实际方向一致时,元件吸收功率。电流、电压实际方向相反,元件发出功率。

【例 1-1】　试判断图 1-11 中元件是发出功率还是吸收功率。

(a)　　　　　　　　　　(b)

图 1-11　例 1-1 图

解 图 1-11(a)中电压、电流是关联参考方向,且 $P = UI = 10$ W >0,元件吸收功率;图 1-11(b)中电压、电流是非关联参考方向,且 $P = UI = -10$ W <0,元件吸收功率。

1.5 电 阻 元 件

电阻元件一般为反映实际电路中能耗的元件,例如电炉、电灯等,电阻是一种理想化的电路元件,其图形符号如图 1-12 所示,用字母 R 表示。

当电阻两端的电压与流过电阻的电流是关联参考方向时,如图 1-12 所示,根据欧姆定律电压与电流成正比,有如下关系

$$U = RI \tag{1-6}$$

当电阻两端的电压与流过电阻的电流是非关联参考方向时,如图 1-13 所示,根据欧姆定律有如下关系

$$U = -RI \tag{1-7}$$

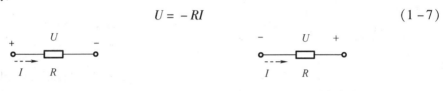

图 1-12 关联参考方向   图 1-13 非关联参考方向

在关联参考方向下,若 R 是个常数,称其为线性电阻。如图 1-14 所示,线性电阻的伏安特性是过原点的直线。

将式(1-6)两边同时乘以 I 得到

$$P = UI = RI^2 = U^2/R = GU^2 \geq 0$$

式中,G 称为电导,$G = 1/R$,电导 G 的单位是 S(西门子)。在国际单位制中,当电阻两端的电压为 1 V,流过电阻的电流为 1 A 时,电阻是 1 Ω(欧[姆])。

当电阻两端的电压与流过电阻的电流不成正比关系时,伏安特性是曲线,如图 1-15 所示。电阻不是一个常数,而是随电压、电流变动,也称为非线性电阻。

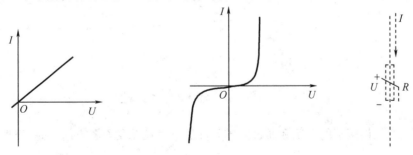

图 1-14 线性电阻伏安特性   图 1-15 非线性电阻伏安特性

1.6　电感元件、电容元件

1.6.1　电容元件

如图 1 - 16 所示是实际的线圈,假定绕制线圈的导线无电阻,线圈有 N 匝,当线圈通以电流 i 时,在线圈内部将产生磁通 φ_L,若磁通 φ_L 与线圈 N 匝都交链,则磁通链 $\psi_L = N\varphi_L$。在电路中实际线圈的表现方法如图 1 - 17 所示表示,并用字母 L 表示。φ_L 和 ψ_L 都是线圈本身电流产生的,称为自感磁通和自感磁通链。

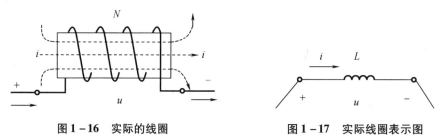

图 1 - 16　实际的线圈　　　　图 1 - 17　实际线圈表示图

当磁通 φ_L 和磁通链 ψ_L 的参考方向与电流 i 参考方向之间满足右手螺旋定则时,有

$$\varphi_L = Li \tag{1-8}$$

式中　L——线圈的自感或电感。

在国际单位制中,磁通和磁通链的单位是 Wb(韦[伯]),自感的单位是 H(亨[利])。

当 $L = \psi_L / i$ 是常数时,称其为线性电感,如图 1 - 18 所示,韦安特性是通过原点的一条直线。

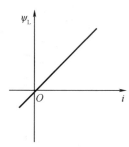

图 1 - 18　线性电感韦安特性

当电感元件两端的电压和通过电感元件的电流在关联参考方向下时,根据楞次定律有

$$u = \frac{\mathrm{d}\varphi_L}{\mathrm{d}t}$$

把 $\varphi_L = Li$ 代入上式,得

$$u = L\frac{\mathrm{d}i}{\mathrm{d}t} \tag{1-9}$$

由式(1 - 9)可以看出,任何时刻,线性电感元件的电压与该时刻电流的变化率成正比。

当电流(直流电流)不随时间变化时,电感电压为零,此时,电感元件相当于短接。

电感元件两端电压和通过电感元件的电流在关联参考方向下,从 0 到 t 的时间内电感元件所吸收的电能为

$$W_L = \int_0^t p\mathrm{d}t = \int_0^t ui\mathrm{d}t = L\int_0^t i\frac{\mathrm{d}i}{\mathrm{d}t}\mathrm{d}t = L\int_0^{i(t)} i\mathrm{d}i = \frac{1}{2}Li^2(t) \tag{1-10}$$

由式(1-10)可以看出,假定 $i(0)=0$,且 L 一定时,磁场能量 W_L 随着电流的增加而增加。

1.6.2　电容元件

如图 1-19 所示,当电容元件上电压的参考方向由正极板指向负极板时,正极板上的电荷 q 与其两端电压 u 有以下关系

$$q = Cu \tag{1-11}$$

C 为该元件的电容,当 C 是正实常数时,电容为线性电容,如图 1-20 所示,线性电容库伏特性是通过原点的一条直线。

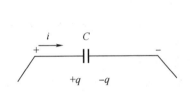

图 1-19　电容元件

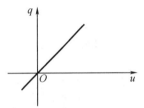

图 1-20　线性电容库伏特性

电容的单位在国际单位制中,用 F(法[拉])表示。当在电容两端的电压是 1 V,极板上电荷为 1 C(库[仑])时,电容是 1 F(法[拉]),其关系为 $1\ \mathrm{F} = 10^6\ \mathrm{\mu F} = 10^{12}\ \mathrm{pF}$。

当电容两端的电压与流进正极板的电流参考方向一致时,为关联参考方向。

根据

$$i = \frac{\mathrm{d}q}{\mathrm{d}t} \tag{1-12}$$

将式(1-11)代入式(1-12),得

$$i = C\frac{\mathrm{d}u}{\mathrm{d}t} \tag{1-13}$$

当电容一定时,电流与电容两端电压的变化率成正比,当电压为直流电压时,电流为零,电容相当于开路。电容元件两端电压与通过的电流在关联参考方向下,从 0 到 t 的时间内,元件所吸收的电能为

$$W_C = \int_0^t p\mathrm{d}t = \int_0^t ui\mathrm{d}t = C\int_0^t u\frac{\mathrm{d}u}{\mathrm{d}t}\mathrm{d}t = C\int_{u(0)}^{u(t)} u\mathrm{d}t = \frac{1}{2}Cu^2(t) \tag{1-14}$$

由式(1-14)可以看出,假定 $u(0)=0$ 且 C 一定时,电场能量随着电压的增加而增加。

1.7 电压源、电流源及其等效变换

为了使电路中的用电装置能正常工作,电路中必须有能够提供电能的装置——电源(独立电源),独立电源按工作时的电压和电流的特点可分为电压源和电流源。

1.7.1 电压源

电压源如图 1 - 21 所示,其具有以下特点:电压源两端的电压 $U_S(t)$ 为确定的时间函数,与流过的电流无关。当 U_S 为直流电压源时,两端的电压 $U_S(t)$ 不变,$U_S(t) = U$。直流电压源伏安特性如图 1 - 22 所示。

图 1 - 21 电压源　　　　　　　　图 1 - 22 直流电压源伏安特性

由图 1 - 23 可以看出,电压源两端电压不随外电路改变而改变。

直流电压源也可用如图 1 - 24 所示的符号表示,长线表示正极(高电位),短线表示负极(低电位)。

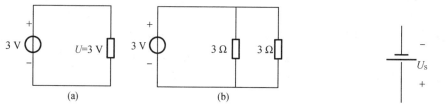

图 1 - 23 电压源两端电压不变　　　　图 1 - 24 直流电压源

当电流流过电压源时从低电位流向高电位,则电压源向外提供电能;当电流流过电压源时从高电位流向低电位,则电压源吸收电能,例如电池充电的情况。

1.7.2 电流源

电流源如图 1 - 25 所示,电流 $I_S(t)$ 是确定的时间函数,与电流源两端的电压无关。在直流电流源的情况下,发出的电流是恒值,$I_S(t) = I$。直流电流源伏安特性如图 1 - 26 所示。

由图 1 - 27 可以看出,电流源发出的电流不随外电路的改变而改变。

对电流源的电流和电压取非关联参考方向时,如图 1 - 28 所示。在这种情况下,如果 $P > 0$,则表示电流源发出功率;如果 $P < 0$,则表示电流源吸收功率。

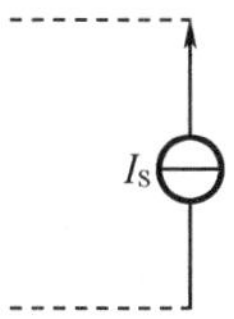

图 1 – 25　电流源

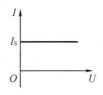

图 1 – 26　直流电流源伏安特性

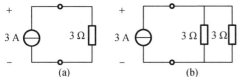

图 1 – 27　电流源发出电流不变
(a)外电路一个电阻;(b)外电路两个电阻并联

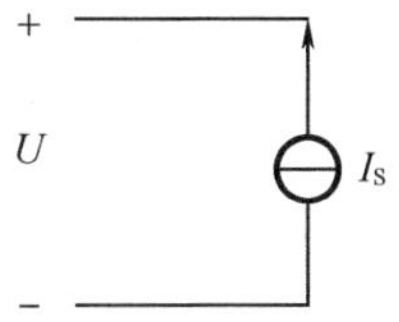

图 1 – 28　电流源电流和电压非关联参考方向

1.7.3　实际电源两种模型的等效变换

实际电源可用两种电路模型来表示,一种为电压源和电阻(内阻 R_0)的串联模型,另一种为电流源和电阻(内阻 R_0)的并联模型,两种模型可以进行等效变换,如图 1 – 29 所示。

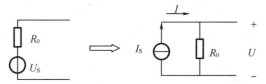

图 1 – 29　两种电源电路模型

两种模型的特点是电阻相同,电流源电流为

$$I_S = \frac{U_S}{R_0} \tag{1 – 15}$$

电流 I_S 的方向为由电压源的低电位指向高电位,注意是对外电路等效。

1.7.4　电路的两种状态

如图 1 – 30 所示,简单闭合电路中有

$$RI = U_S - R_0 I$$
$$I = U_S/(R + R_0) \tag{1 – 16}$$

当 $R = 0$ 时, $U = 0$, $I = U_S/R_0$,称电路 ab 间短路。

当 $R = \infty$(断开)时, $I = 0$, $U = U_S$,称电路 ab 间开路。

在有载情况下, $I = U_S/(R + R_0)$。ab 间短路时, $U = 0$, $I = U_S/R_0$;ab 间开路时, $I = 0$, $U = U_S$。

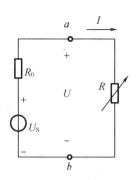

图 1 – 30   简单闭合电路

为了使电气设备能安全可靠并经济运行,电路引入了电气设备额定值的概念,即电气设备在电路的正常运行状态下,能承受的电压,允许通过的电流,以及它们吸收和产生功率的限额,例如额定电压 U_N、额定电流 I_N、额定功率 P_N。假设一个灯泡上标明"220 V,60 W",说明额定电压为 220 V,在此额定电压下消耗功率为 60 W。

当电气设备的电流等于额定电流时,称为满载工作状态;当电流小于额定电流时,称为轻载工作状态;当电流超过额定电流时,称为过载工作状态。

1.8   基尔霍夫定律

1.8.1   支路、节点、回路

支路:通常情况下,以相同的电流无分支的一段电路为支路。图 1 – 31 中有 3 条支路,其中,2 条含电源的支路称为有源支路,1 条不含电源的支路称为无源支路。

节点:3 条或 3 条以上支路的连接点称为节点。图 1 – 31 中有 a、b 2 个节点。

回路:电路中任一闭合路径称为回路,不含交叉支路的回路称为网孔。图 1 – 31 中,回路有 3 个,网孔有 2 个。

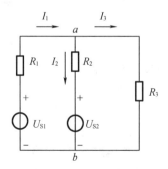

图 1 – 31   复杂电路

1.8.2　基尔霍夫电流定律(KCL)

在电路中,任意时刻,对任一节点所有支路电流的代数和等于零,即在电路中对任一节点、任一时刻流进该节点的电流等于流出该节点的电流,即

$$\sum I = 0 \qquad\qquad (1-17)$$

在图 1-32 中,假定流入 a 节点的电流取负,流出 a 节点的电流取正,有

$$-I_1 - I_2 + I_3 = 0$$

在图 1-31 中,对节点 a 有

$$-I_1 + I_2 + I_3 = 0 \qquad\qquad (1-18)$$

对节点 b 有

$$-I_3 - I_2 + I_1 = 0 \qquad\qquad (1-19)$$

将式(1-19)两边同时乘以 -1,所得方程与式(1-18)完全相同,故在图 1-31 中只能对其中一个节点列电流方程,此节点称为独立节点,当有 n 个节点时,$n-1$ 个节点是独立的。

在图 1-33 中,对节点 a 有

$$-I_1 + I_{ac} + I_{ab} = 0$$

对节点 b 有

$$-I_2 - I_{ab} + I_{bc} = 0$$

对节点 c 有

$$-I_3 - I_{bc} - I_{ac} = 0$$

把上面 3 个方程式相加,得

$$I_1 + I_2 + I_3 = 0$$

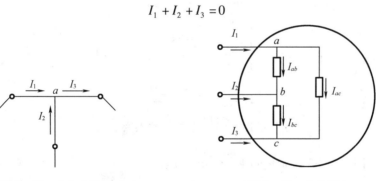

图 1-32　节点电流图　　　　　　图 1-33　广义节点

在电路中,任意闭合电路电流的代数和为零,即流进闭合电路的电流等于流出闭合电路的电流,这是电流连续性的体现。

1.8.3　基尔霍夫电压定律(KVL)

在电路中,任意时刻,在任一回路内所有支路电压的代数和等于零,即

$$\sum U = 0 \qquad\qquad (1-20)$$

在图 1-34 中,假定回路绕行方向沿顺时针,有

$$U_{R_1} + U_{R_2} + U_{R_3} + U_{S2} - U_{S1} = 0 \qquad (1-21)$$

元件上的电压方向与绕行方向一致取正,相反取负。把欧姆定律公式代入式(1-21)中,有

$$R_1 I + R_2 I + R_3 I + U_{S2} - U_{S1} = 0$$

$$R_1 I + R_2 I + R_3 I = U_{S1} - U_{S2}$$

$$\sum R_K I = \sum U_{SK} \qquad (K = 1, 2, \cdots) \qquad (1-22)$$

若式(1-22)中流过电阻的电流与绕行方向一致,则$R_K I$取正,否则取负。

若电压源电压方向与绕行方向一致,则U_{SK}取负(移到等号右边变号),否则取正。

注意:一般对独立回路列电压方程,网孔一般是独立回路。在电路中,设有b条支路,n个节点,独立回路数为$b-(n-1)$。

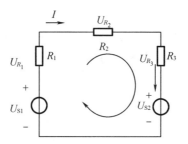

图1-34　电压回路

【例1-2】　求图1-35所示电路的开口电压U_{ab}。

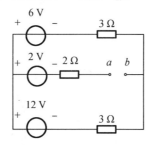

图1-35　例1-2电路图

解　首先把图1-35改画成图1-36,求出电流I。

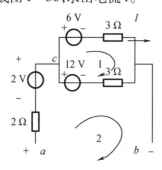

图1-36　例1-2电路图改画

在回路 1 中,有

$$6I = 12 - 6$$
$$I = 1 \text{ A}$$

根据基尔霍夫定律,在回路 2 中,有

$$-U_{ac} + U_{cb} - U_{ab} = 0$$
$$-2 + 12 - 3 \times 1 - U_{ab} = 0$$
$$U_{ab} = 7 \text{ V}$$

由例 1-2 可以看出,基尔霍夫电压定律不但适用于闭合电路,对开口回路同样适用,但需要在开口处假设电压(例 1-2 中 U_{ab})。在列电压方程时,要注意开口处电压方向。

1.9 线性电路的基本定理

1.9.1 支路电流法

如图 1-37 所示,每条支路电流 I_1、I_2、I_3 的参考方向已知,网孔为顺时针方向。

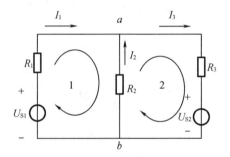

图 1-37 支路电流法

在图 1-37 中有两个节点,独立节点只有一个,故只要对其中一个节点列电流方程。独立回路有两个,故只要对网孔列电压方程即可。

对节点 a 有

$$-I_1 - I_2 + I_3 = 0$$

对回路 1 有

$$R_1 I_1 - R_2 I_2 = U_{S1}$$

对回路 2 有

$$R_2 I_2 + R_3 I_3 = -U_{S3}$$

由此可解得支路电流 I_1、I_2、I_3。

采用支路电流法的步骤如下:

(1)假定各支路电流的参考方向,网孔绕行方向;

(2)根据基尔霍夫电流定律对独立节点列电流方程(例如有 n 个节点,则 $n-1$ 个节点是独立的);

（3）根据基尔霍夫电压定律对独立回路列电压方程(一般选取网孔,网孔是独立回路);

（4）解出支路电流。

【**例 1 - 3**】 电路如图 1 - 38 所示,用支路法求各支路电流。

解 设支路电流 I_1、I_2、I_3 的参考方向,如图 1 - 38 所示。

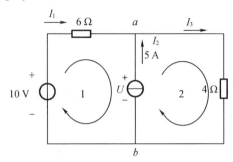

图 1 - 38 例 1 - 3 电路图

根据电流源的性质,得 $I_2 = 5$ A。设网孔绕行方向按顺时针方向。

对节点 a 有

$$-I_1 - I_2 + I_3 = 0$$

假定电流源两端电压 U 参考方向如图 1 - 38 所示,则

对回路 1 有

$$6I_1 + U = 10$$

对回路 2 有

$$-U + 4I_3 = 0$$

得方程组

$$\begin{cases} -I_1 + I_3 = 5 \\ 6I_1 + U = 10 \\ 4I_3 = U \end{cases}$$

解得

$$I_1 = -1 \text{ A}, I_2 = 5 \text{ A}, I_3 = 4 \text{ A}, U = 16 \text{ V}$$

注意:对电流源在列回路电压方程时,要假设电流源两端电压的参考方向。

1.9.2 叠加定理

对于叠加定理的叙述为:在线性电路中,当有多个独立源同时作用时,任意一条支路的电流或电压等于电路中各个独立源单独作用时对该支路所产生的电流或电压的代数和。

当某独立源单独作用于电路时,其他独立源应该除去,称为"除源"。即对电压源来说,令其电源电压 U_S 为零,相当于"短路";对电流源来说,令其电源电流 I_S 为零,相当于"开路"。

在图 1 - 39 中,用叠加定理求流过 R_2 的电流 I_2,电压源、电流源单独对 R_2 支路作用产生电流的叠加。

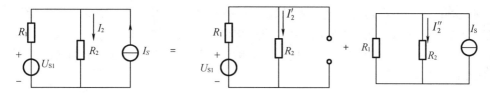

图1-39 叠加定理

注意:不作用的电压源短接,不作用的电流源断开,电阻不动,则有

$$I_2 = I_2' + I_2''$$

【例1-4】 用叠加定理求图1-40中流过4 Ω电阻的电流。

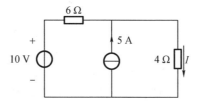

图1-40 例1-4电路图

解 图1-41为例1-4的等效电路图,则有

$$I' = \frac{10}{10} = 1 \text{ A}, I'' = \frac{6}{10} \times 5 = 3 \text{ A}$$

$$I = I' + I'' = 1 + 3 = 4 \text{ A}$$

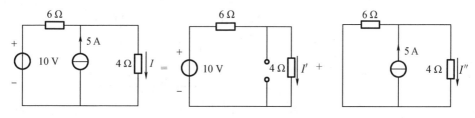

图1-41 例1-4等效电路图

1.9.3 戴维南定理

具有两个端口的网络称为二端网络。含有电源的二端线性网络称为有源二端线性网络;不含电源的二端线性网络,称为无源二端线性网络。如图1-42所示电路为有源二端线性网络。

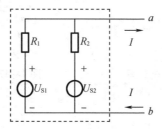

图1-42 有源线性二端网络

对戴维南定理的叙述为任何有源二端线性网络,都可以用一条含源支路即电压源和电阻的串联组合来等效替代(对外电路)。其中,电阻等于二端网络化成无源(电压源短接,电流源断开)后,从两个端看进去的电阻,电压源的电压等于二端网络两个端之间的开路电压,如图1-43所示。

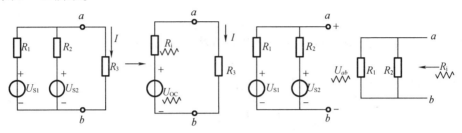

图1-43 戴维南定理

【例1-5】 用戴维南定理,求图1-44中流过4 Ω电阻的电流I。

解 首先,求入端电阻R_1(电压源短接,电流源断开,从a、b两端看进去的电阻),如图1-45所示。

$$R_1 = 6 \text{ }\Omega$$

然后,求开路电压(a、b两端之间断开的电压)U_{OC},如图1-46所示,即

$$U_{OC} = (5 \times 6 + 10) \text{V} = 40 \text{ V}$$

最后,电流I,如图1-47所示,即

$$I = \frac{40}{10} = 4 \text{ A}$$

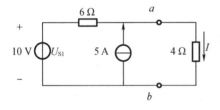

图1-44 例1-5电路图

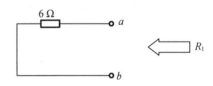

图1-45 例1-5等效电路图

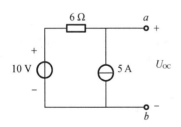

图1-46 例1-5开路电压电路图

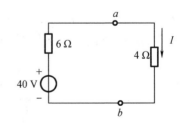

图1-47 例1-5电流I的电路图

本 章 小 结

本章着重理解和掌握以下几个问题。

1. 电流、电压、电功率是电路中三个主要的物理量。其中,电流、电压是电路的基本物理量。

2. 电压、电流的参考方向。参考方向是假定的一个方向。在电路的分析过程中,电压、电流大于零,表示电压、电流的参考方向与实际方向一致;电压、电流小于零,表示电压、电流的参考方向与实际方向相反。

3. 基尔霍夫定律主要是分析元件之间的约束关系。欧姆定律主要是讨论电阻元件两端电压与通过电流的关系。

4. 基尔霍夫定律。

(1)基尔霍夫电流定律:在电路中,任意时刻,对任一节点所有支路电流的代数和等于零,即在电路中对任一节点、任一时刻流进该节点的电流等于流出该节点的电流,即 $\sum i = 0$。

(2)基尔霍夫电压定律:在电路中,任意时刻,在任一回路内所有支路电压的代数和等于零,即 $\sum U = 0$。

5. 支路电流法。

(1)首先要假定每条支路电流的参考方向;

(2)对独立节点列电流方程、独立回路列电压方程,特别要注意在列回路电压方程时,回路中含电流源,需在电流源两端先假设电压的参考方向后,再列回路电压方程;

(3)解方程组,求出支路电流。

6. 戴维南定理:应用戴维南定理计算复杂电路时,关键是求等效电压源的电动势和内阻。在计算时,应将待求支路断开,将有源二端网络中的各电压源均短路、各电流源均断路,这样既便于计算,也可以避免错误。

习　　　题

1-1　写出题 1-1 图中有源支路的电压、电流的关系式。

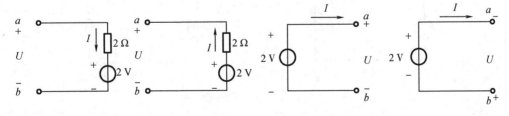

图 1-48　题 1-1 图

1-2　求如图 1-49 所示电路 U_{ab}。

1-3　电路如图 1-50 所示,试求 ab 支路是否有电压和电流。

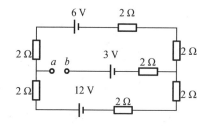

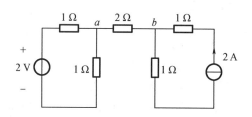

图1-49 题1-2图   图1-50 题1-3图

1-4 图1-51中,若:(1)$U=10$ V,$I=2$ A;(2)$U=10$ V,$I=-2$ A。试问哪个元件吸收功率,哪个元件吸收功率,为什么?

1-5 求图1-52所示电路中的U_1和U_2。

1-6 将如图1-53所示电路化成等值电流源电路。

1-7 求如图1-54所示各电压源输出的功率。

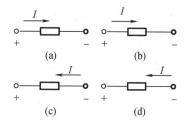

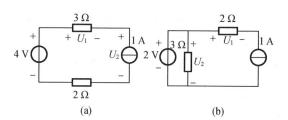

图1-51 题1-4图   图1-52 题1-5图

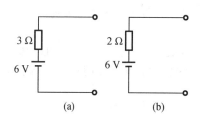

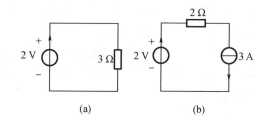

图1-53 题1-6图   图1-54 题1-7图

1-8 求如图1-55所示电路中的电压U和电流I。

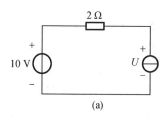

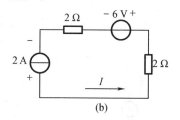

图1-55 题1-55图

1-9 如图1-56所示电路,已知$U=2$ V,求U_S。

1-10 如图1-57所示电路,用戴维南定理求负载电流。

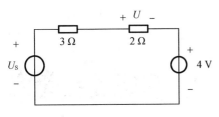

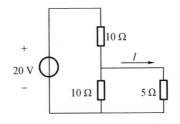

图 1-56　题 1-9 图　　　　　　　　图 1-57　题 1-10 图

1-11　用戴维南定理,计算如图 1-58 所示电路中的电流 I。

1-12　如图 1-59 所示电路,已知 $U=2$ V,求电阻 R。

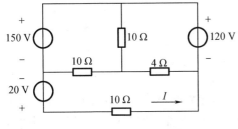

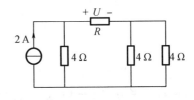

图 1-58　题 1-11 图　　　　　　　　图 1-59　题 1-12 图

第2章

正弦交流电路

2.1　正弦量的三要素

在正弦交流电路中,由于电流或电压的大小和方向都随时间按正弦规律发生变化,因此,在所标参考方向下的电流值或者电压值也在正负交替。如图2-1(a)所示的电路,交流电路的参考方向已经标出,其电流波形图如图2-1(b)所示。当电流在正半周时,表明电流的实际方向与参考方向相同;当电流在负半周时,表明电流的实际方向与参考方向相反。

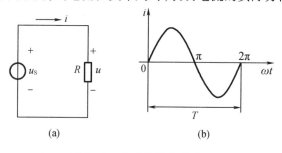

图2-1　电路图及电流波形图
(a)电路图;(b)电流波形图

由于电流、电压等物理量按正弦规律变化,因此常称为正弦量,其解析式为

$$i = I_m \sin(\omega t + \psi_i)$$
$$u = U_m \sin(\omega t + \psi_u) \tag{2-1}$$

由上式可知,当振幅 U_m 与 I_m、角频率 ω 和初相 ψ 三个量确定以后,电流与电压就被唯一地确定下来了。因此,振幅、角频率和初相这三个量就称为正弦的三要素。

2.1.1　频率与周期

角频率是描述正弦量变化快慢的物理量。正弦量在单位时间内所经历的电角度,称为角频率,用字母 ω 表示,即

$$\omega = \frac{\alpha}{t} \tag{2-2}$$

式中,ω 的单位为弧度/秒(rad/s)。

在工程中,常用周期或频率表示正弦量变化的快慢。正弦量完成一次周期性变化所需要的时间称为正弦量的周期,用 T 表示,其单位是秒(s)。正弦量在每秒钟内完成周期性变化的次数,称为正弦量的频率,用 f 表示,其单位是赫兹(Hz),简称赫。根据定义,周期和频率的关系应互为倒数,即

$$f = \frac{1}{T} \tag{2-3}$$

在一个周期 T 内,正弦量经历的电角度为 2π,所以角频率 ω 与周期 T 和频率 f 的关系是

$$\omega = \frac{2\pi}{T} = 2\pi f \tag{2-4}$$

我国和世界上大多数国家电力工业的标准频率一样,均为 50 Hz,也有一些国家采用频率为 60 Hz,工程上称 50 Hz 为工频。

2.1.2 振幅值和有效值

1. 振幅值

正弦量在任一时刻的值称为瞬时值,用小写字母表示,例如 i、u 分别表示电流及电压的瞬时值。正弦量瞬时值中的最大值称为振幅值,也叫作最大值或峰值,用大写字母加下标 m 表示,如 I_m、U_m 分别表示电流、电压的振幅值。如图 2-2 所示为两个振幅值不同的正弦交流电压波形图。

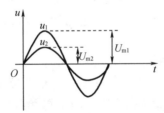

图 2-2　振幅值不同的正弦交流电压波形图

2. 有效值

交流电的大小是变化的,若用最大值衡量大小显然夸大了它们的作用,用某个瞬时值表示也不够准确,那么用怎样一个数值准确地描述交流电的大小呢?答案就是,通过电流的热效应来确定。令一个交流电流 i 与直流电流 I 分别通过两个相同的电阻,如果在相同时间内产生的热量相等,则这个直流电流 I 的数值就叫作交流电流 i 的有效值,用大写字母 I 表示。同样,交流电压 u 可以用 U 来表示其有效值。直流电流 I 通过电阻 R,在一个交流周期的时间 T 内所产生的热量为

$$Q = I^2 RT \tag{2-5}$$

$$I = \frac{I_m}{\sqrt{2}} = 0.707 I_m \tag{2-6}$$

这表明振幅为 A 的正弦交流电流,在能量转换方面与 A 的直流电流的实际效果相同。同理,正弦交流电压的有效值为

$$U = \frac{U_m}{\sqrt{2}} = 0.707 U_m \qquad (2-7)$$

人们常说的交流电压指的就是交流电压的有效值。电气设备铭牌上所标的电压值、电流值以及一般交流电表所测的数值也都是有效值。总之，凡涉及交流电的数值，只要没有特别说明，均指有效值。

【例 2 − 1】 有一电容,其耐压值为 220 V,试问能否接在民用电压为 220 V 的交流电源上。

解 由于民用电是正弦交流电,电压的最大值 $U_m = \sqrt{2} \times 220 \text{ V} = 311 \text{ V}$,这个电压超过了电容的耐压值,可能击穿电容,因此这个电容不能接在 220 V 的交流电源上。

2.1.3 相位、初相、相位差

1. 相位

表示正弦交流电变化过程的量,它不仅决定该时刻瞬时值的大小和方向,还决定正弦交流电的变化趋势。

2. 初相

在正弦量的解析式中,角度 $(\omega t + \psi)$ 称为正弦量的相位角,简称相位,它是一个随时间变化的量,不仅能确定正弦量的瞬时值的大小和方向,而且还能描述正弦量变化的趋势。

初相是指 $t = 0$ 时的相位,用符号 ψ 表示。正弦量的初相确定了正弦量在计时起点的瞬时值。计时起点不同,正弦量的初相不同,因此,初相与计时起点的选择有关。我们规定初相 $|\psi|$ 不超过 π,即 $-\pi \leqslant \psi \leqslant \pi$。相位和初相通常用弧度(rad)表示,但在工程上也允许用度(°)作单位。

正弦量的瞬时值与参考方向是对应的,改变参考方向,瞬时值将异号,所以正弦量的初相、相位以及解析式都与所标的参考方向有关。改变参考方向,就是将正弦量的初相加上(或减去)π,而不影响振幅和角频率。因此,确定初相既要选定计时起点,又要选定参考方向。

【例 2 − 2】 在选定参考方向的情况下,已知正弦量的解析式为 $i = 10\sin(314t + 240°)\text{A}$。试求正弦量的振幅、频率、周期、角频率和初相。

解
$$i = 10\sin(314t + 240°)\text{A} = 10\sin(314t - 120°)\text{A}$$

$$I_m = 10 \text{ A}$$

$$f = \frac{\omega}{2\pi} = \frac{314}{2\pi} \text{ Hz} = 50 \text{ Hz}$$

$$T = \frac{2\pi}{\omega} = \frac{2\pi}{314} \text{ s} = \frac{1}{50} \text{ s} = 0.02 \text{ s}$$

$$\omega = 314 \text{ rad/s}$$

$$\psi_i = -120°$$

【例 2 − 3】 已知一正弦电压的解析式为 $u = 311\sin\left(\omega t + \frac{\pi}{4}\right)\text{V}$,频率为工频,试求 $t = 2$ s 时的瞬时值。

解 工频为

$$f = 50 \text{ Hz}$$

角频率为

$$\omega = 2\pi f = 100\pi \text{ rad/s} = 314 \text{ rad/s}$$

当 $t = 2 \text{ s}$ 时,有

$$u = 311\sin\left(100\pi \times 2 + \frac{\pi}{4}\right) = 311\sin\frac{\pi}{4} = 311 \times \frac{\sqrt{2}}{2} = 220 \text{ V}$$

3. 相位差

两个同频率正弦量的相位之差,称为相位差,用 φ 表示,例如

$$u = U_m\sin(\omega t + \psi_u) \tag{2-8}$$
$$i = I_m\sin(\omega t + \psi_i)$$

则两个正弦量的相位差为

$$\varphi = (\omega t + \psi_u) - (\omega t + \psi_i) = \psi_u - \psi_i \tag{2-9}$$

式(2-9)表明,同频率正弦量的相位差等于它们的初相之差,其不随时间改变,是个常量,与计时起点的选择无关。如图 2-3 所示,相位差就是两同频率正弦量相邻两个零点(或正峰值)之间所隔的电角度。

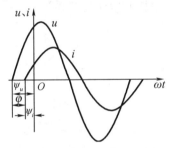

图 2-3　同频率正弦量相位差波形图

在图 2-3 中,u 与 i 之间有一个相位差,u 比 i 先到达零值或峰值,$\varphi = \psi_u - \psi_i > 0$,则称 u 比 i 在相位上超前,或者说 i 比 u 滞后。因此,相位差是描述两个同频率正弦量之间的相位关系,即到达某个值的先后次序的一个特征量。

【例 2-4】　两个同频率正弦交流电流的波形图如图 2-4 所示,试写出它们的解析式,并计算二者之间的相位差。

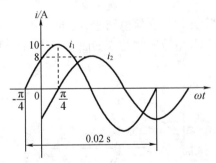

图 2-4　同频率正弦交流电流波形图

解　解析式为

$$i_1 = 10\sin\left(314t + \frac{\pi}{4}\right)\mathrm{A}$$

$$i_2 = 8\sin\left(314t - \frac{\pi}{4}\right)\mathrm{A}$$

相位差为

$$\varphi = \psi_{i1} - \psi_{i2} = \frac{\pi}{4} - \left(-\frac{\pi}{4}\right) = \frac{\pi}{2}$$

i_1 超前 $i_2 90°$ 或 i_2 滞后 $i_1 90°$。

2.2 交流电路中的电阻、电容、电感

2.2.1 纯电阻电路

如图 2-5 所示为一个纯电阻的交流电路,电压和电流的瞬时值仍然服从欧姆定律。在关联参考方向下,根据欧姆定律,电压和电流的关系为

$$i = \frac{u}{R} \tag{2-10}$$

图 2-5 纯电阻电路图

若通过电阻的电流为

$$i = I_{\mathrm{m}}\sin(\omega t + \psi_i) \tag{2-11}$$

则电压

$$u = Ri = RI_{\mathrm{m}}\sin(\omega t + \psi_i) = U_{\mathrm{m}}\sin(\omega t + \psi_u) \tag{2-12}$$

式中,$U_{\mathrm{m}} = RI_{\mathrm{m}}$,即

$$U = RI, \psi_u = \psi_i \tag{2-13}$$

通过以上分析可知,在电阻元件的交流电路中,电压与电流是两个同频率的正弦量,在关联参考方向下,电阻上的电压与电流同相位。如图 2-6 所示分别为电阻元件上的电压与电流的波形图和相位图。

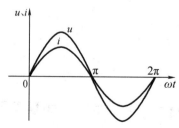

图 2-6 电压与电流的波形图和相位图

在交流电路中,电压与电流瞬时值的乘积叫作瞬时功率,用小写的字母 p 表示,在关联参考方向下,有

$$p = ui \qquad (2-14)$$

正弦交流电路中电阻元件的瞬时功率为

$$p = ui = U_m \sin \omega t \cdot I_m \sin \omega t = 2UI \sin^2 \omega t = UI(1 - \cos 2\omega t) \qquad (2-15)$$

由式(2-15)可以看出,$p \geq 0$,由于 u、i 参考方向一致,相位相同,任一瞬间电压与电流的值同为正或同为负,因此,瞬时功率 p 恒为正值,这表明电阻元件消耗能量,是一个耗能元件。电阻元件上瞬时功率随时间变化的波形图如图 2-7 所示。

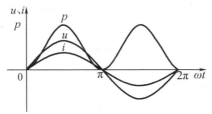

图 2-7 瞬时功率随时间变化的波形图

通常所说的功率并不是瞬时功率,而是瞬时功率在一个周期内的平均值,该平均值称为平均功率,简称功率,用大写字母 P 表示,有

$$P = UI = I^2 R = \frac{U^2}{R} \qquad (2-16)$$

式(2-16)与直流电路功率的计算公式在形式上完全一样,但这里的 U 和 I 是有效值,P 是平均功率。

一般交流电器上所标的功率都是指平均功率,由于平均功率反映了元件实际消耗的功率,因此又称为有功功率。例如,白炽灯的功率为 60 W、电炉的功率为 1 000 W 等,都是指平均功率。

【例 2-5】 额定电压为 200 V,功率分别为 $P_1 = 40$ W 和 $P_2 = 100$ W 的电炉铁,其电阻各是多少?

解 $P_1 = 40$ W 电炉铁的电阻为

$$R_1 = \frac{U^2}{P_1} = \frac{220^2}{40} = 1\ 210\ \Omega$$

$P_2 = 100$ W 电炉铁的电阻为

$$R_2 = \frac{U^2}{P_2} = \frac{220^2}{100} = 484\ \Omega$$

可见,电压一定时,功率越大,则电阻越小;功率越小,则电阻越大。

2.2.2 纯电感电路

1. 电感元件

电感元件即电感器,一般是由骨架、绕组、铁心和屏蔽罩等组成,它是一种能够储存磁场能量的元件,其在电路中的电感图形符号如图 2-8 所示。

图2-8 电感图形符号

电感元件的电感量简称电感。电感的符号是大写字母 L,电感的单位为亨利(简称亨),用符号 H 表示。实际应用中常用毫亨(mH)和微亨(μH)等。当 L 为一常数,与元件中通过的电流无关时,这种电感元件就叫作线性电感元件,否则叫作非线性电感元件。我们只研究线性电感元件。

我们常将电感元件称为电感,"电感"一词既代表电感元件,也代表电感参数。

如图 2-9 所示电路是一个纯电感的交流电路,选择电压与电流为关联参考方向,则电压与电流的关系为

$$u = L \frac{\mathrm{d}i}{\mathrm{d}t} \qquad (2-17)$$

下式就是电感元件上电压与电流的相量关系式

$$U = X_L I, \psi_u = \psi_i + \frac{\pi}{2} \qquad (2-18)$$

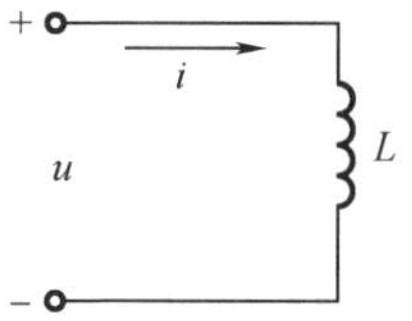

图2-9 纯电感交流电路

通过以上分析可知,在电感元件的交流电路中,电压与电流是两个同频率的正弦量,在关联参考方向下,电压在相位上超前电流。把有效值关系式 $U = X_L I$ 与欧姆定律 $U = RI$ 相比较,可以看出,X_L 具有与电阻 R 一样的单位(欧),也同样具有阻碍电流通过的物理特性,故称 X_L 为感抗,且有

$$X_L = \omega L = 2\pi f L \qquad (2-19)$$

感抗 X_L 与电感 L、频率 f 成正比。当电感一定时,频率越高,感抗越大。因此,电感线圈对高频电流的阻碍作用大,对低频电流的阻碍作用小,而对直流没有阻碍作用,相当于短路,因此,在直流情况下,感抗为零,在电压与电流参考方向一致时,电感元件的瞬时功率为

$$p = ui = U_m \sin(\omega t + 90°) \cdot I_m \sin \omega t = 2UI\sin \omega t\cos \omega t = UI\sin 2\omega t$$

上式说明,电感元件的瞬时功率也是随时间变化的正弦函数,其频率为电源频率的2倍,振幅为 UI,变化曲线如图 2-10 所示。在第一个 1/4 周期内,电流由零上升到最大值,电感储存的磁场能量也随着电流由零达到最大值,这个过程瞬时功率为正值,表明电感从电源吸取电能;第二个 1/4 周期内,电流从最大值减小到零,这个过程瞬时功率为负值,表明电感释放能量;后两个 1/4 周期与上述分析一致。

电感元件的平均功率为

$$P = 0 \qquad (2-20)$$

电感是储能元件,它在吸收和释放能量的过程中并不消耗能量,所以平均功率为零。

为了描述电感与外电路之间能量交换的规模,引入瞬时功率的最大值,称之为无功功率,用 Q_L 表示,即

$$Q_L = UI = I^2 X_L = \frac{U^2}{X_L} \qquad\qquad (2-21)$$

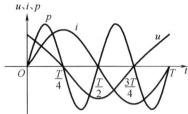

图 2-10 电感元件的瞬时功率的变化曲线图

无功功率也具有和功率一样的单位,但为了和有功功率区分,把无功功率的单位定义为乏(Var)。

注意:无功功率 Q_L 反映了电感与外电路之间能量交换的规模,"无功"不能理解为"无用",这里"无功"二字的实际含义是交换而不消耗,在以后学习变压器、电动机的工作原理时就会知道,没有无功功率,它们无法工作。

【例 2-6】 在电压为 220 V、频率为 50 Hz 的电源上接入电感 $L = 0.025\ 5$ H 的线圈(电阻不计),试求:

(1)线圈的感抗 X_L、电流 I、无功功率 Q_L;

(2)若线圈接在 $f = 5\ 000$ Hz 的信号源上,感抗为多少?

解 (1) $\qquad X_L = 2\pi f L = 2 \times 3.14 \times 50 \times 0.025\ 5 = 8\ \Omega$

$$I = \frac{U}{X_L} = \frac{220}{8} = 27.5\ \text{A}$$

$$Q_L = UI = 220 \times 27.5 = 6\ 050\ \text{Var}$$

(2) $\qquad X'_L = 2\pi f L = 2 \times 3.14 \times 5\ 000 \times 0.025\ 5 = 800\ \Omega$

2.2.3 纯电容电路

1.电容元件

电容元件即电容器,是由两个导体中间隔以介质(绝缘物质)组成的,这两个导体称为电容器的极板。电容器加上电源后,极板上分别聚集了等量的异号电荷,带正电荷的极板称为正极板,带负电荷的极板称为负极板。此时,极板在介质中建立了电场,并储存电场能量。当电源断开后,电荷在一段时间内仍聚集在极板上。因此,电容器是一种能够储存电场能量的元件。电容元件在电路中的图形符号如图 2-11 所示。

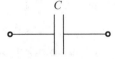

图 2-11 电容元件在电路中的图形符号

同电感类似,"电容"一词既代表电容元件,也代表电容参数。

如图 2-12 所示为一个纯电容的交流电路,选择电压与电流为关联参考方向,设电容元

件两端电压为正弦电压,即

$$u = U_m \sin(\omega t + \psi_u) \qquad (2-22)$$

根据公式

$$i = C \frac{\mathrm{d}u}{\mathrm{d}t} \qquad (2-23)$$

以上分析可以得出,在电容元件的交流电路中,电压与电流是两个同频率的正弦量。在关联参考方向下,电压滞后电流。如图2-13所示为电容元件两端电压与电流的波形图。

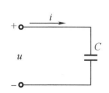

图2-12 纯电容交流电路

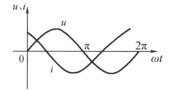

图2-13 电容元件电压与电流的波形图

由有效值关系式可知,X_C 具有与电阻一样的单位(欧),也同样具有阻碍电流通过的物理特性,故称 X_C 为容抗,且有

$$X_C = \frac{1}{\omega C} = \frac{1}{2\pi f C} \qquad (2-24)$$

容抗 X_C 与电容 C、频率 f 成反比。当电容一定时,频率越高,容抗越小。因此,电容对高频电流的阻碍作用小,对低频电流的阻碍作用大。对于直流,由于其频率 $f=0$,故容抗为无穷大,相当于开路,即电容元件有隔直流的作用。

在关联参考方向下,电容元件的瞬时功率为 $p = UI\sin 2\omega t$,电容元件的瞬时功率也是随时间变化的正弦函数,其频率为电源频率的2倍。如图2-14所示为电容元件瞬时功率的变化曲线,电容元件在一个周期内的平均功率为

$$P = 0 \qquad (2-25)$$

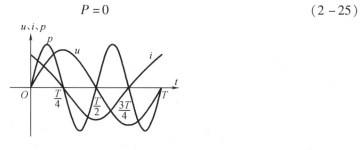

图2-14 电容元件瞬时功率的变化曲线

当平均功率为零,说明电容元件不消耗能量。另外,由瞬时功率曲线可以看出:在第一个1/4和第三个1/4周期内,瞬时功率为正,表明电容从电源吸收电能,电容器处于充电状态;在第二个1/4和第四个1/4周期内,瞬时功率为负,表明电容器释放能量,电容器处于放电状态。总之,电容与电源之间只有能量的相互转换。这种能量转换的大小利用瞬时功率的最大值来衡量,称为无功功率,用 Q_C 表示,即

$$Q_C = UI = I^2 X_C = \frac{U^2}{X_C} \qquad (2-26)$$

式中, Q_C 的单位为乏(Var)。

【例 2 - 7】 有一电容 $C = 30\ \mu F$, 接在 $u = 220\sqrt{2}\sin(314t - 30)$ V 的电源上。试求:

(1)电容的容抗;

(2)电流的有效值、瞬时值;

(3)电路的有功功率和无功功率。

解 (1)容抗为

$$X_C = \frac{1}{\omega C} = \frac{1}{314 \times 30 \times 10^{-6}} = 106.16\ \Omega$$

(2)电流的有效值为

$$I = \frac{U}{X_C} = \frac{220}{106.16} = 2.07\ A$$

电流的瞬时值超前电压30°, 即

$$\psi_i = 90° + \psi_u = 60°$$

则

$$i = 2.07\sqrt{2}\sin(314t + 60°)\ A$$

(3)电路的有功功率为 $P_C = 0$; 电路的无功功率为

$$Q_C = UI = 220 \times 2.07 = 455.4\ Var$$

2.3 电阻、电感的串联电路及串联谐振

2.3.1 电路分析

如图 2 - 15 所示的 RLC 串联电路, 各元件流过同一电流 $i(t)$, 设电路两端所加正弦电压 $u(t) = \sqrt{2}U\sin(\omega t + \theta_u)$, 各元件上的电压分别为 $u_R(t)$, $u_L(t)$, $u_C(t)$, 根据基尔霍夫电压定律(KVL), 可列出电路的瞬时电压方程为

$$u(t) = u_R(t) + u_L(t) + u_C(t) = Ri(t) + L\frac{\mathrm{d}i(t)}{\mathrm{d}t} + \frac{1}{C}\int_{-\infty}^{t} i(t)\mathrm{d}t \qquad (2-27)$$

$$Z = \frac{\dot{U}}{\dot{I}} = \frac{Ue^{j\theta_u}}{Ie^{j\theta_i}} = \frac{U}{I}e^{j(\theta_u - \theta_i)} = ze^{j\varphi_z} = z\angle\varphi_z \qquad (2-28)$$

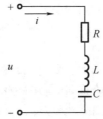

图 2 - 15 RLC 串联电路

式(2 - 28)中

$$z = \frac{U}{I} = \frac{U_m}{I_m}$$

$$\varphi_z = \theta_u - \theta_i \qquad (2-29)$$

z 称为复阻抗的模，简称阻抗；φ_z 称为复阻抗的幅角，简称阻抗角。

2.3.2　RLC 串联电路的性质

复阻抗不仅反映了电路中电压和电流间的大小关系，而且还反映了电路中电压和电流间的相位关系，该关系为

$$z = \frac{U}{I} = \frac{U_m}{I_m} \qquad (2-30)$$

$$\varphi_z = \theta_u - \theta_i \qquad (2-31)$$

因此，电阻、电感、电容串联电路的电阻性、电感性和电容性可以通过阻抗角 φ_z 反映出来。

1. 电阻性电路

当 $X_L = X_C$ 时，$X = 0$，阻抗角 $\varphi_z = 0$，则 $U_L = U_C$，总电压和电流同相，此时电路可以等效为纯电阻电路，电路呈电阻性，且总阻抗最小。电感和电容的无功功率恰好相互补偿。电路的这种状态称为串联谐振。

2. 电感性电路

当 $X_L > X_C$ 时，$X > 0$，阻抗角 $\varphi_z > 0$，则 $U_L > U_C$，总电压超前于电流，此时电路可以等效为电阻与电感串联的电路，电路呈电感性。

3. 电容性电路

当 $X_L < X_C$ 时，$X < 0$，阻抗角 $\varphi_z < 0$，则 $U_L < U_C$，总电压滞后于电流，此时电路可以等效为电阻与电容串联的电路，电路呈电容性。

由 RLC 串联电路可知电压与电流的大小关系，设电路中电流为 $i = I_m \sin \omega t$，则根据 R、L、C 的基本特性可得各元件的端电压为

$$U_R = X_R I_m \sin \omega t$$
$$U_L = X_L I_m \sin(\omega t + 90°)$$
$$U_C = X_C I_m \sin(\omega t - 90°) \qquad (2-32)$$

根据基尔霍夫电压定律（KVL），在任意时刻 a、b 两端的总电压 u 的瞬时值为

$$u = u_R + u_L + u_C \qquad (2-33)$$

2.3.3　串联谐振

1. RLC 串联谐振的条件

前面分析了正弦交流电路的一般情况，这一节将介绍正弦交流电路在一定情况下所呈现的一种特殊现象——谐振现象。一方面，由于电路在谐振时具有选择信号的特性，因此，谐振电路在通信技术领域得到广泛应用；另一方面，电路中的谐振状态又有可能会危及或破坏系统的正常工作，因此，对谐振现象进行研究具有重要意义。谐振电路是由电感线圈、电容器和角频率为 ω 的正弦信号源组成，按照它们的不同连接方式，又可分为串联谐振电路和并联谐振电路。本节主要讲述串联谐振电路。

如图 2 - 16 所示为 RLC 串联电路,该电路在可变频的正弦电压源 u 的激励下,由于感抗、容抗随频率变动,因此电路中的电压、电流响应亦随频率变动。可以肯定的是,一定存在一个角频率 ω_0,使感抗和容抗完全相互抵消,即在全频域内随频率变动的情况可以分为三个频区,分别为电阻性、电容性、电感性。电路呈电阻性时,电路的电源电压与电流同相,此时的电路工作状态称为串联谐振。

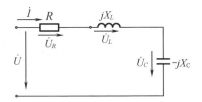

图 2 - 16　RLC 串联电路

RLC 串联电路发生谐振的频率 ω_0,称为谐振角频率。

谐振角频率为

$$\omega_0 = \frac{1}{\sqrt{LC}} \qquad\qquad (2-34)$$

谐振频率为

$$f_0 = \frac{1}{2\pi}\frac{1}{\sqrt{LC}} \qquad\qquad (2-35)$$

由式(2-35)可以看出,RLC 串联电路的谐振频率只有 1 个,而且仅与电路中 L 和 C 有关,与电阻 R 无关。角频率 ω_0 和频率 f_0 称为电路的固有频率(或自由频率)。因此,只有当输入信号源 u_s 的频率与电路的固有频率 f_0 相同(和拍)时,才能在电路中激起谐振。当外加电压的频率偏离谐振频率时,称电路处于失谐状态。

在电路中,L 和 C 可调,一方面,可以改变电路的固有频率,RLC 串联电路就具有选择任一频率谐振(调谐),或者避开某一频率谐振(失谐)的性能;另一方面,也可以利用串联谐振现象,判别输入信号的频率。显然,如果电路参数 L 和 C 不变,则固有频率 f_0 不变,可以通过改变电源电压的频率 f 使电路达到谐振;如果电源电压的频率 f 一定,则可以通过改变电路参数 L 和 C 使电路达到谐振,这两种方法都称为调谐。

2. RLC 串联谐振的特点

(1)谐振电流最大值为

$$I = \frac{U_0}{R} \qquad\qquad (2-36)$$

此极大值又称为谐振峰,这是 RLC 串联电路发生谐振时的突出标志。据此可以判断电路是否发生了谐振。

(2)电路的阻抗最小

当 RLC 串联电路发生谐振时,其电抗 $X = 0$,此时电路的复阻抗为一实数,即 $Z = R + jX = R$,且为最小值。

(3)电感电压和电容电压远大于端口电压

当 RLC 串联电路发生谐振时,电路的感抗或容抗称为电路的特性阻抗,用字母 ρ 表

示,即

$$\rho = \omega_0 L = \frac{1}{\omega_0 C} = \frac{1}{\sqrt{LC}} L = \sqrt{\frac{L}{C}} \qquad (2-37)$$

ρ 的单位为欧[姆](Ω)。特性阻抗 ρ 与回路电阻的 R 的比值称为电路的品质因数,用字母 Q 表示,即

$$Q = \frac{\rho}{R} = \frac{\omega_0 L}{R} = \frac{1}{\omega_0 CR} = \frac{1}{R}\sqrt{\frac{L}{C}} \qquad (2-38)$$

品质因数又简称为 Q 值,它是一个无量纲的常数,是表征电路谐振的一个重要参数。在通信技术中,Q 值一般为几十到几百。串联谐振时电感电压和电容电压相等,即

$$U_{L0} = U_{C0} = \rho I_0 = \frac{\rho}{R} U = QU \qquad (2-39)$$

由于 $Q \gg 1$,有

$$U_{L0} = U_{C0} = QU \gg U \qquad (2-40)$$

因此,串联谐振又称为电压谐振。从衡量电感、电容获得电压大小的角度考虑,Q 体现了网络品质的好坏。

3. 串联谐振电路的频率特性

当 RLC 串联电路的信号源频率变化时,电路中的电流、各元件的电压、阻抗等都将随之变化。这种电流、电压、阻抗随频率发生变化的关系称为频率特性,其中电流、电压随频率变化的关系曲线又称为谐振曲线。电路阻抗的频率特性包括幅频特性和相频特性。谐振时电路中的电流达到最大值,失谐时电流变小,失谐越大电流越小。利用这一特性,可以从许多不同频率的信号中选出频率与谐振频率相等的信号,谐振电路的这种性能称为选择性。在生活中,收音机选择电台就是利用这一性能实现的。不难看出,电路选择性的好坏与电流谐振曲线在谐振点附近的尖锐程度有关。曲线越尖锐,选择性越好;反之,曲线越平坦,选择性越差。

【例 2-8】 欲接收载波频率 f_0 为 10 MHz 的某短波电台的信号,试设计接收机输入谐振电路的电感线圈,要求带宽 $f = 100$ kHz,$C = 100$ pF。

解 由

$$f_0 = \frac{1}{2\pi\sqrt{LC}}$$

求得

$$L = \frac{1}{4\pi^2 f_0^2 C} = \frac{1}{4\pi^2 \times 10^{14} \times 10^{-10}} = 2.54 \ \mu\text{H}$$

$$Q = \frac{f_0}{\Delta f} = \frac{10 \times 10^6}{100 \times 10^3} = 100$$

$$R = \frac{1}{Q\omega_0 C} = \frac{1}{100 \times 2\pi \times 10^7 \times 10^{-10}} = 1.59 \ \Omega$$

由此得到电感线圈的参数为 $L = 2.54 \ \mu\text{H}$,$R = 1.59 \ \Omega$。

2.4　RLC 并联电路和功率因数

2.4.1　电路的功率因数

1. 瞬时功率

在电压、电流关联参考方向下,瞬时功率为

$$p = UI\cos(\theta_u - \theta_i) - UI\cos(2\omega t + \theta_u + \theta_i) \tag{2-41}$$

由此可见,瞬时功率由两部分组成:一部分是恒定分量,是与时间无关的量;另一部分是正弦分量,其频率为电源频率的两倍。

2. 平均功率(有功功率)

负载是要消耗电能的,其所消耗的能量可以用平均功率表示。一个周期内瞬时功率的平均值称为平均功率,也称为有功功率。有功功率为

$$P = UI\cos\varphi_z \tag{2-42}$$

式(2-42)中,$\cos\varphi_z$ 称为无源网络的功率因数,电压与电流之间的相位差 φ_z 称为功率因数角,φ_z 是由网络参数决定的。由式(2-42)可知,平均功率是恒定值,它不仅与网络的电压、电流有效值有关,而且还与它们的相位差 φ_z 有关。

当 $\varphi_z = \pm\dfrac{\pi}{2}$ 时,$\cos\varphi_z = 0$,此时 $P = 0$,表示该网络不消耗功率;当 $\varphi_z = 0$ 时,$\cos\varphi_z = 1$,$P = UI$,表示该网络的消耗功率达到最大值。

3. 无功功率

电路中的电感元件与电容元件要与电源之间进行能量交换。当电感吸收能量时,电容放出能量;当电容吸收能量时,电感放出能量。因此有

$$Q = Q_L - Q_C = (U_L - U_C)I = UI\sin\varphi \tag{2-43}$$

4. 视在功率(电压与电流有效值的乘积)

在实际交流电路中,电气设备所消耗的有功功率是由电压、电流和功率因数决定的。但在制造变压器等电气设备时,用电设备(即负载)的功率因数是不知道的。因此,这些设备的额定功率不能用有功功率来表示,而是用额定电压与额定电流的乘积来表示,把它称为视在功率,即电路中总电压与总电流有效值的乘积,它们的单位可以是伏安(VA)、千伏安(kVA)。

5. 功率因数的补偿

在生产和生活中使用的电气设备大多属于感性负载,它们的功率因数都较低。例如,供电系统的功率因数是由用户负载的大小和性质决定的。在一般情况下,供电系统的功率因数总是小于 1。例如,变压器容量 1 000 kVA,在 $\cos\varphi = 1$ 时能提供 1 000 kW 的有功功率,而在 $\cos\varphi = 0.7$ 时则只能提供 700 kW 的有功功率。人们提高功率因数的原因如下。

(1)发电设备容量能够充分利用

每个供电设备都有额定容量,即视在功率 $S = UI$。在电路正常工作时各参数是不允许超过额定值的,否则会损坏供电设备。对于非电阻负载电路,供电设备输出的总功率 S 中,

一部分为有功功率 $P = S\cos\varphi$，另一部分为无功功率 $Q = S\sin\varphi$，即电源发生的能量得不到充分利用，其中一部分不能成为有用功，只能在电源与负载中的贮能元件之间进行交换。

（2）降低输电线路上的损耗

功率因数低，还会增加发电动机绕组、变压器和线路的功率损失。当负载电压和有功功率一定时，电路中的电流与功率因数成反比，功率因数越低，电路中的电流越大，线路上的压降越大，电路的功率损失也就越大。这样不仅使电能白白地消耗在线路上，而且使得负载两端的电压降低，影响负载的正常工作。因此，为了节省电能和提高电源设备的利用率，必须提高用电设备的功率因数。根据供电管理规则，高压供电的工业企业用户的平均功率因数不低于 0.95，低压供电的用户不低于 0.9。

要提高功率因数，减小无功功率即可。一般来说，负载大多为感性负载，常用的方法是在感性负载的两端并联电容器，这个电容器称为补偿电容。第一，在电感性负载上并联了电容器以后，减少了电源与负载之间的能量互换，这时，电感性负载所需的无功功率大部分或全部由电容器供给，也就是说能量的互换现在主要发生在电感性负载与电容器之间，因而使发电动机容量能得到充分利用；第二，并联电容器以后线路电流也减小了，因而减小了功率损耗。

2.4.2 RLC 并联电路

1. RLC 并联电路的电流关系

如图 2-17 所示，由电阻、电感、电容相并联构成的电路叫作 RLC 并联电路。

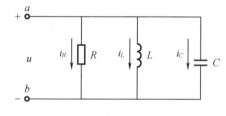

图 2-17 RLC 并联电路

2. RLC 并联电路的性质

同样是根据电压与电流的相位差（即阻抗角 U_C）分为正、为负、为零三种情况，将电路分为如下三种性质。

（1）感性电路

当 $X > 0$ 时，即 $X_C < X_L$，$\varphi > 0$，电压 U 比电流 I 超前 φ，称电路呈感性。

（2）容性电路

当 $X < 0$ 时，即 $X_C > X_L$，$\varphi < 0$，电压 U 比电流 I 滞后 $|\varphi|$，称电路呈容性。

（3）谐振电路

当 $X = 0$ 时，即 $X_C = X_L$，$\varphi = 0$，电压 U 与电流 I 同相，称电路呈电阻性。

在 RLC 串联电路中，当感抗大于容抗时，电路呈感性；在 RLC 并联电路中，当感抗大于容抗时，电路呈容性。当感抗与容抗相等时，这两种电路都处于谐振状态。

3. RLC 并联谐振电路

（1）谐振条件

在电子技术中为提高谐振电路的选择性，常常需要提高 Q 值。但是当信号源内阻很大时,采用串联谐振会使 Q 值大为降低,使谐振电路的选择性显著变差。这种情况下,常采用并联谐振电路。下面讨论 RLC 并联谐振电路。

谐振角频率为

$$\omega_0 = \frac{1}{\sqrt{LC}} \qquad (2-44)$$

谐振频率为

$$f_0 = \frac{1}{2\pi \sqrt{LC}} \qquad (2-45)$$

可见,RLC 并联谐振和串联谐振回路的谐振条件及谐振频率相同。

(2)谐振电路特点

在 RLC 并联电路中,当 $X_C = X_L$ 时,从电源流出的电流最小,电路的总电压与总电流同相,把这种现象称为并联谐振。谐振时,电路中电流与电压同相,电路呈阻性,谐振电流为

$$I_0 = \frac{U}{R} \qquad (2-46)$$

2.5　三相交流电路

2.5.1　三相交流电动势的产生

1.三相交流电路的定义

电能是现代化生产、管理及生活的主要能源,电能的生产、传输、分配和使用等许多环节构成一个完整的系统,这个系统叫作电力系统。电力系统目前普遍采用三相交流电源供电,由三相交流电源供电的电路称为三相交流电路。所谓三相交流电路,是指由三个频率相同、最大值(或有效值)相等、在相位上互差120°电角度的单相交流电动势组成的电路,这三个电动势称为三相对称电动势。

2.三相交流电的特点

三相交流电与单相交流电相比具有以下几个优点:

(1)三相交流发电动机比功率相同的单相交流发电动机体积小、重量轻、成本低;

(2)电能输送过程中,当输送功率相等、电压相同、输电距离一样,线路损耗也相同时,用三相制输电比单相制输电可大大节省输电线有色金属的消耗量,即输电成本较低,三相输电的用铜量仅为单相输电的用铜量的75%;

(3)目前获得广泛应用的三相异步电动机是以三相交流电作为电源,它与单相电动机或其他电动机相比,具有结构简单、价格低廉、性能良好和使用维护方便等优点。

因此,在现代电力系统中,三相交流电路获得了广泛应用。

3.三相交流电的产生

三相交流电的产生就是指三相交流电动势的产生。三相交流电动势由三相交流发电动机产生,它是在单相交流发电动机的基础上发展而来的,如图 2-18 所示,在发电动机定子(固定不动的部分)上嵌放了三相结构完全相同的线圈 $U_1 U_2$、$V_1 V_2$ 和 $W_1 W_2$(通称绕组),

这三相绕组在空间位置上各相差120°电角度,分别称为 U 相、V 相和 W 相。U_1、V_1、W_1 三端称为首端,U_2、V_2、W_2 三端称为末端。工厂或企业配电站或厂房内的三相电源线(用裸铜排时)一般用黄、绿、红分别代表 U、V、W 三相。

磁极放在转子上,一般均由直流电通过励磁绕组产生一个很强的恒定磁场。当转子由电动机拖动做匀速转动时,三相定子绕组将切割转子磁场而感应出三相交流电动势。由于三相绕组在空间各相差120°电角度,因此,三相绕组中感应出的三个交流电动势在时间上也相差三分之一周期(也就是120°)。如图 2 – 19 所示为对称三相正弦量的波形图,那么这三个电动势的三角函数表达式为

$$\begin{cases} e_U = E_m \sin \omega t \\ e_V = E_m \sin (\omega t - 120°) \\ e_W = E_m \sin (\omega t - 240°) \end{cases} \quad (2-47)$$

三相交流电动势在任一瞬间其三个电动势的代数和为零。我们用上面的三个式子也可以证明出这一结论,即

$$e_U + e_V + e_W = 0 \quad (2-48)$$

可以把它们称作三相对称电动势,规定每相电动势的正方向是从线圈的末端指向首端(或由低电位指向高电位)。

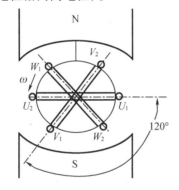

图 2 – 18　三相交流发电动机的原理

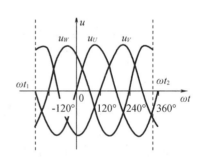

图 2 – 19　对称三相正弦量的波形图

2.5.2　三相电源的连接

我们知道,三相交流发电动机实际有三个绕组,六个接线端,如果这三相电源分别用输电线向负载供电,则需六根输电线(每相用两根输电线),这样很不经济,目前采用的是将三相交流电按照一定的方式连接成一个整体再向外送电。连接的方法通常为星形和三角形。

电力系统的负载,从它们的使用方法来看,可以分成两类。一类是像电灯这样有两根出线的,叫作单相负载,例如电风扇、收音机、电烙铁、单相电动机等;另一类是像三相电动机这样的有三个接线端的负载,叫作三相负载。在三相负载中,若每相负载的电阻均相等,电抗也相等(且均为容抗或均为感抗),则称为三相对称负载;若各相负载不同,称为不对称的三相负载,例如三相照明电路中的负载。

任何电气设备都是设计在某一规定的电压下使用的(即额定电压),若加在电气设备上的电压高于额定电压,则设备的使用寿命就会降低;若低于额定电压,则不能正常工作。因

此,使用任何电气设备时都要注意负载本身的额定电压应与电源电压一致。负载也与电源一样可以采用两种不同的连接方法,即星形联结和三角形联结。

1. 三相电源的星形联结(Y 接)

(1)基本概念

①星形联结:将电源的三相绕组末端 U_2、V_2、W_2 连在一起,首端 U_1、V_1、W_1 分别与负载相连,这种方式就叫作星形联结,如图 2 – 20 所示。

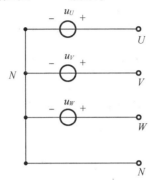

图 2 – 20　三相电源的星形联结

②中点、中性线、相线:三相绕组末端相连的一点称为中点或零点,一般用"N"表示。从中点引出的线叫作中性线(简称中线),由于中线一般与大地相连,通常又称为地线(或零线)。从首端 U_1、V_1、W_1 引出的三根导线称相线(或端线),由于它与大地之间有一定的电位差,通常称为火线。

③输电方式:由三根火线和一根地线所组成的输电方式称为三相四线制(通常在低压配电系统中采用)。由三根火线所组成的输电方式称为三相三线制(在高压输电时采用较多)。

(2)三相电源星形联结时的电压关系

三相绕组联结成星形时,可以得到两种电压,分别为相电压和线电压。相电压即每个绕组的首端与末端之间的电压,其有效值用 U_U、U_V、U_W 表示;线电压 U_L 即各绕组首端与首端之间的电压,即任意两根相线之间的电压叫作线电压。相电压与线电压的参考方向是这样规定的:相电压的正方向是由首端指向中点 N,例如,电压 U_U 是由首端 U_1 指向中点 N;线电压的正方向是由绕组首端指向首端,例如电压 U_V 是由首端 U_1 指向首端 V_1。

(3)线电压 U_L 与相电压 U_P 的关系

在三相电路中,线电压的大小是相电压的 $\sqrt{3}$ 倍,即

$$U_L = \sqrt{3}\, U_P \tag{2 – 49}$$

因此,日常讲的电源电压为 220 V,是指相电压(即火线与地线之间的电压);电源电压为 380 V,是指线电压(即两根火线之间的电压)。由此可见,三相四线制的供电方式可以给负载提供两种电压,即线电压 380 V 和相电压 220 V,因此它在实际中得到了广泛的应用。

2. 三相电源的三角形联结(△ 接)

三角形联结基本概念:如图 2 – 21 所示,将电源一相绕组的末端与另一相绕组的首端依次相连(接成一个三角形),再从首端 U_1,V_1,W_1 分别引出端线,这种连接方式就叫作三角形

联结。

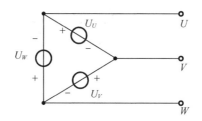

图 2 - 21　三相电源的三角形联结

由图可知,三相电源三角形联结时,电路中线电压的大小与相电压的大小相等,即

$$U_L = U_P \qquad\qquad (2-50)$$

由于电源内阻很小,因此在电源内部会产生很大的环流,导致电源的绕组烧毁。当采用三角形联结时,首先必须判断出每相绕组的首、末端,再按正确的方法接线,绝不允许接反。

2.6　三相负载的连接

从发电厂发出的电都是三相交流电,发电厂送至用户末端变压器的也是三相交流电,末端变压器输送至千家万户的还是三相交流电。根据用户端使用的用电设备不同,分为单相负载和三相负载。在日常生活中,使用的普通电器几乎是单相负载,例如电视机、洗衣机、电饭煲、空调、冰箱、电脑等,而工厂、企业、建筑施工现场等使用的多为三相负载。

单相负载:概括来说就是采用一根相线(俗称火线)外加一根工作零线(俗称零线)一起给用电器提供电源做功,此设备就称为单相负载。

三相负载:概括来说就是采用三根相线给用电设备提供电源使其做功,此设备就称为三相负载。在三相负载里面又可以细分为三相平衡负载和三相不平衡负载。它们的区别在于,三相平衡负载的各相电流均比较近似,而三相不平衡负载反映了各相电流差别很大,电流过高的相线容易发热起火,从而引发电气火灾。

2.6.1　三相负载的星形联结

1. 接线特点

三相负载的星形联结电路图,它的接线原则与电源的星形联结电路图相似,即将每相负载末端连成一点 N(中性点 N), U、V、W 的首端分别接到电源线上。

2. 电压关系与电流关系

为方便讨论问题,先做如下说明。

线电压 U_L:三相负载的线电压就是电源的线电压,也就是两根相线(火线)之间的电压。

相电压 U_P:每相负载两端的电压称作负载的相电压,在忽略输电线上的电压降时,负载的相电压就等于电源的相电压,因此 $U_L = \sqrt{3} U_P$。

线电流 I_L:流过每根相线上的电流叫作线电流。

相电流 I_P:流过每相负载的电流叫作相电流。

中性线电流 I_N:流过中线的电流叫作中线电流。

三相电路中的每一相都可以看成一个单相电路,因此各相电流与电压间的相位关系及数量关系都可以采用单相电路的方法来讨论。若三相负载对称,则在三相对称电压的作用下,流过三相对称负载中每相负载的电流应相等,如图 2-22 所示。

3. 三相四线制的特点

如图 2-23 所示为三相四线制电路及电压图,由图可得如下关系。

(1)相电流 I_P 等于线电流 I_L,即

$$I_P = I_L \tag{2-51}$$

(2)加在负载上的相电压 U_P 和线电压 U_L 之间的关系为

$$U_L = \sqrt{3}\,U_P \tag{2-52}$$

(3)流过中性线的电流 I_N 为 0。

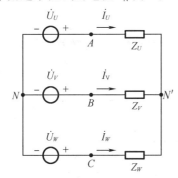
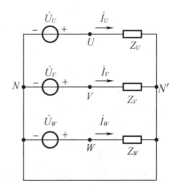

图 2-22　负载为星形连接的三相三线制电路图　　图 2-23　三相四线制电路及电压图

当三相电路中的负载完全对称时,在任意一个瞬间,三个相电流中总有一相电流与其余两相电流之和大小相等,方向相反,互相抵消。因此,流过中性线的电流等于零。

若三相负载不对称,则中性线电流不等零,中性线不能省略。因为当有中性线存在时,它能使星形联结的各相负载即使在不对称的情况下,也都有对称的电源相电压,从而保证各相负载均能正常工作。

2.6.2　三相负载的三角形联结

1. 接线特点

将三相负载分别接在三相电源的每两根相线之间的接法,称为三相负载的三角形联结。

2. 电压关系与电流关系

三角形联结的每相负载电路,同样也是单相交流电路,因此各相电流、电压和阻抗三者的关系仍与单相电路相同。由于三角形联结的各相负载是接在两根相线之间,因此,负载的相电压就是线电压。假设三相电源及负载均对称,则三相电流大小均相等,通过几何关系不难证明 $I_L = \sqrt{3}\,I_P$,即当三相对称负载采用三角形联结时,线电流等于相电流的 $\sqrt{3}$ 倍。因

此三相对称负载三角形联结的电压关系与电流关系如下。

（1）线电压 U_L 和相电压 U_P 相等，即

$$U_L = U_P \tag{2-53}$$

（2）线电流 I_L 等于相电流 I_P 的 $\sqrt{3}$ 倍，即

$$I_L = \sqrt{3} I_P \tag{2-54}$$

在三相三线制电路中，根据 KCL 定律，若把整个三相负载看成一个节点的话，则不论负载的接法如何、负载是否对称，三相电路中的三个线电流的瞬时值之和或三个线电流的向量和总是等于零。

2.6.3 三相电功率

我们知道，计算单相电路中的有功功率的公式是

$$P = UI\cos\varphi \tag{2-55}$$

式中 U、I——单相电压和单相电流的有效值；

φ——电压和电流之间的相位差。

在三相交流电路中，三相负载消耗的总电功率为各相负载消耗功率之和，即

$$P = 3P_P = 3U_P I_P\cos\varphi \tag{2-56}$$

式中 P——三相负载的总有功功率，简称三相功率；

P_P——三相对称负载每一相的有功功率；

U_P——负载的相电压；

I_P——负载的相电流；

φ——相电压与相电流之间的相位差。

在一般情况下，相电压和相电流不容易测量。例如，三相电动机绕组接成三角形时，要测量它的相电流就必须把绕组端部拆开。因此，人们通常用线电压和线电流来计算功率。

当三相对称负载是星形联结时

$$P = \sqrt{3} U_L I_L\cos\varphi \tag{2-57}$$

本 章 小 结

1. 正弦交流电路的相量分析法

用向量法分析正弦交流电路的步骤为：首先将时域电路模型变换为相应的相量模型，电压和电流均为相量形式，元件为复阻抗（复导纳）形式，然后用直流电路的分析方法来分析计算该电路。

（1）RLC 串联电路

在 RLC 串联电路中，各元件间有电压三角形和阻抗三角形的关系。

（2）RLC 并联电路

在 RLC 并联电路中，各元件间有电流三角形和导纳三角形的关系。

2. 正弦交流电路的功率

（1）有功功率（平均功率）

有功功率是正弦交流电路中所有电阻元件消耗的功率之和，单位为瓦（W）。

（2）无功功率

无功功率是正弦交流电路中所有电抗元件无功功率的代数和，单位为乏（Var）。

（3）视在功率

视在功率取有功功率或无功功率的最大值，它反映了电源可能提供的或负载可能获得的最大功率，单位为伏安（VA）。

有功功率、无功功率和视在功率组成一个直角三角形，即

$$S = UI = \sqrt{P^2 + Q^2}$$

3. 谐振电路

在含有电感和电容的无源二端网络中，当总电压和总电流同相时，网络呈现纯阻性，电路发生了谐振现象。

（1）串联谐振

谐振条件为　　　　　$\omega_0 = \dfrac{1}{\sqrt{LC}}, \quad f_0 = \dfrac{1}{2\pi\sqrt{LC}}$

（2）并联谐振

谐振条件为　　　　　$\omega_0 = \dfrac{1}{\sqrt{LC}}, \quad f_0 = \dfrac{1}{2\pi\sqrt{LC}}$

4. 三相交流电路

（1）三相电源的联结

星形联结：将电源的三相绕组末端 U_2、V_2、W_2 连在一起，首端 U_1、V_1、W_1 分别与负载相连，这种方式就叫作星形联结。三相电路中线电压的大小是相电压的 $\sqrt{3}$ 倍。

三角形联结：将电源一相绕组的末端与另一相绕组的首端依次相连（接成一个三角形），再从首端 U_1、V_1、W_1 分别引出端线，这种连接方式就叫作三角形联结。三相电源三角形联结时，电路中线电压的大小与相电压的大小相等，即 $U_L = U_P$。

（2）三相负载的连接

①星形联结：接线原则与电源的星形联结相似，即将每相负载末端连成一点 N（中性点 N），首端 U、V、W 分别接到电源线上。

②三角形联结：将三相负载分别接在三相电源的每两根相线之间的接法，称为三相负载的三角形联结。

习　　题

2-1　正弦交流电的三要素是（　　　　）、（　　　　）和（　　　　）。

2-2　只有电阻和电感元件相串联的电路，电路性质呈（　　　　）性；只有电阻和电容元件相串联的电路，电路性质呈（　　　　）性。

2-3　串联各元件上（　　　　）相同，因此，画串联电路相量图时，通常选择（　　　　）作

为参考相量;并联各元件上(　　　　)相同,因此,画并联电路相量图时,通常选择(　　　　)作为参考相量。

2－4　能量转换过程不可逆的电路功率常称为(　　　　)功率;能量转换过程可逆的电路功率叫作(　　　　)功率。这两部分功率的总和称为(　　　　)功率。

2－5　当 RLC 串联电路发生谐振时,电路中(　　　　)最小,且等于(　　　　);电路中电压一定时,(　　　　)最大,且与电路总电压(　　　　)。

2－6　在 RLC 串联电路中,交流电源电压 $u = 220\sqrt{2}\sin 314t$, $R = 27\ \Omega$, $L = 288\ \text{mH}$, $C = 53\ \mu\text{F}$。试求:

(1)电路中的复阻抗;

(2)电路中的电流大小 $i(t)$;

(3)各元件上的电压 u_R、u_C、u_L。

2－7　在电阻、电感、电容串联谐振电路中,$L = 0.05\ \text{mH}$, $C = 200\ \text{pF}$,品质因数 $Q = 100$,交流电压的有效值 $U = 1\ \text{mV}$。试求:

(1)电路的谐振频率 f_0;

(2)谐振时电路中的电流 I;

(3)电容上的电压 U_C。

2－8　已知某发电动机的额定电压为 220 V,视在功率为 440 kVA。试求:

(1)用该发电动机向额定工作电压为 220 V,有功功率为 4.4 kW,功率因数为 0.5 的用电器供电,能同时为多少个负载供电;

(2)若把功率因数提高为 1 时为用电器供电,又能同时为多少个负载供电?

第3章

高频电路器件

高频电路中使用的元器件分为无源器件和有源器件,需要注意的是它们的高频特性。高频电路中的无源器件主要包括电阻、电容和电感等;有源器件主要包括二极管、晶体管、场效应管和集成电路,它们主要完成信号的放大、非线性变换等功能。

无源器件和有源器件在高频电路中都存在分布参数。分布参数包括分布电阻、分布电容和分布电感。这些参数是由导体电磁特性所决定的,当信号传输的距离较大时,或者导体电路的结构比较特殊时(例如,绝缘特性不好、PCB 板材料导电系数较大等),会严重影响信号的传输。因此,在通信电路中信号传输路径的分布参数非常重要。

本章将对无源器件和有源器件在高频电路中存在的分布参数进行讨论。

3.1 高频电路中的无源器件

3.1.1 电阻

一个实际的电阻器在低频时主要表现为电阻特性。电阻是导体由欧姆定律所决定的电学参数,表示了电流与电压的关系,即 $U = RI$。

对于工程中的电阻元件,在高频使用时不仅表现有电阻特性的一面,还表现有电抗特性的一面。电阻器的电抗特性反映的就是其高频特性。一个电阻 R 的高频等效电路图如图3 - 1 所示。

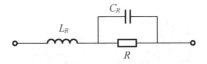

图 3 - 1 电阻 R 的高频等效电路图

其中,C_R 为寄生电容,L_R 为引线电感,R 为电阻。由于容抗为 $1/(\omega C)$,感抗为 ωL,其中,$\omega = 2\pi f$ 为角频率,可知容抗与频率成反比,感抗与频率成正比。寄生电容和引线电感越小,表明电阻的高频特性越好。电阻器的高频特性与制作电阻的材料、电阻的封装形式和尺寸大小都有密切的关系。一般来说,金属膜电阻比碳膜电阻的高频特性要好;碳膜电阻比线绕电阻的高频特性要好;表面贴装(SMD)电阻比引线电阻的高频特性要好;小尺寸的电阻比大尺寸的电阻高频特性要好。

频率越高,电阻器的高频特性表现越明显。在实际使用中,要尽量减少电阻器高频特性的影响,使之表现为纯电阻。

根据电阻 R 的等效电路图,可以方便地计算出整个电阻的阻抗,即

$$Z_R = j\omega L + \cfrac{1}{j\omega C + \cfrac{1}{R}} \tag{3-1}$$

如图 3-2 所示描绘了 1 kΩ 碳膜电阻阻抗绝对值与频率的关系。低频时电阻的阻抗是 R,然而当频率升高并超过一定值时,寄生电容的影响成为主要因素,是它引起了电阻阻抗的下降。当频率继续升高时,由于引线电感的影响,总的阻抗又上升,引线电感在很高的频率下可代表开路或无限大阻抗。

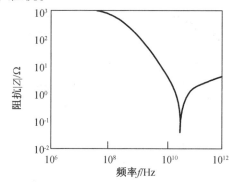

图 3-2　1 kΩ 碳膜电阻阻抗绝对值与频率的关系

3.1.2　电容

电容亦称作"电容量",是指在给定电位差下的电荷储藏量,电容的符号是 C,国际单位是法[拉](F)。一般来说,电荷在电场中会受电场力的作用而移动,当导体之间有了介质时,便阻碍了电荷移动而使电荷累积在导体上,造成电荷的累积储存,储存的电荷量就称为电容。

任何静电场都是由许多个电容组成的,有静电场就有电容,电容是用静电场来描述的。一般认为,孤立导体与无穷远处构成电容,导体接地等效于接到无穷远处,并与大地连接成整体。

电容是表现电容器容纳电荷本领的物理量。电容从物理学上讲,是一种静态电荷存储介质,可能电荷会永久存在,这就是它的特征。电容的用途较广,是电子与电力领域中不可缺少的电子元件,其主要用于谐振、滤波、充放电、储能、隔直流等电路中。

电容在直流电路中的串联、并联以及相应的计算,在之前的章节已介绍过,下面讨论电容在高频中的特性。

一个实际的电容器,在低频时主要表现出阻抗特性,可用下面的关系式说明电容的阻抗,即

$$Z_C = \frac{1}{j\omega C} \tag{3-2}$$

　　但实际上,一个电容器的高频特性要用高频等效电路来描述,如图3-3所示。其中,电感 L 为分布电感或(和)极间电感,小容量电容器的引线电感也是其重要组成部分。引线导体损耗用一个串联的等效电阻 R_1 表示,介质损耗用一个并联的电阻 R_2 表示得到一个典型电容器的阻抗与频率的关系,如图3-4所示。由于存在介质损耗和引线有限长,电容显示出与电阻同样的谐振特性。每个电容器都有一个自身谐振频率。当工作频率小于自身谐振频率时,电容器呈现出正常的电容特性;当工作频率大于自身谐振频率时,电容器的阻抗随频率的升高而增大,这时电容器呈现出感抗特性。

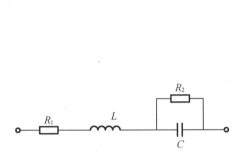

图3-3　电容的高频等效电路图　　　　图3-4　电容器的阻抗与频率的关系图

　　根据电容的高频等效电路图,可以方便地计算出整个电容的阻抗,即

$$Z_C = j\omega L + R_1 + \cfrac{1}{j\omega C + \cfrac{1}{R_2}} \qquad (3-3)$$

3.1.3　电感

　　导体的一种性质是由导体中感生的电动势或电压与产生此电压的电流变化率之比来量度的。稳恒电流会产生稳定的磁场,不断变化的电流(交流)或涨落的直流会产生变化的磁场,变化的磁场反过来使处于该磁场的导体产生感生电动势。感生电动势的大小与电流的变化率成正比,比例因数称为电感,电感的符号是 L,国际单位是亨(H)。

　　电感是闭合回路的一种属性,当通过闭合回路的电流改变时,会出现电动势来抵抗电流的改变,这种电感称为自感,是闭合回路自己本身的属性。假设一个闭合回路的电流改变,由于感应作用而产生电动势作用于另外一个闭合回路,这种电感称为互感。

　　电感在直流电路中的串联、并联以及相应的计算在之前的章节已介绍过。下面讨论电感在高频中的特性。

　　电感通常由导线在圆柱导体上绕制而成,因此,电感除了考虑本身的感性特征外,还需要考虑导线的电阻以及相邻线圈之间的分布电容。高频电感的等效电路图如图3-5所示,考虑到分布电容和导线电阻的综合效应,电路增加了寄生旁路电容 C 和串联电阻 R。与电阻和电容相同,电感的高频特性同样与理想电感的预期特性不同,电感的阻抗与频率的关系如图3-6所示。首先,当频率接近谐振点时,高频电感的阻抗迅速提高,其次,当频率继续提高时,寄生电容 C 的影响成为主要因素,高频电感的阻抗逐渐降低。

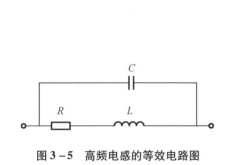

图 3 – 5　高频电感的等效电路图　　　图 3 – 6　电感的阻抗与频率的关系

根据电感高频等效电路图,可以方便地计算出整个电感的阻抗,即

$$Z_L = \frac{\dfrac{R + j\omega L}{j\omega C}}{R + j\left(\omega L + \dfrac{1}{\omega C}\right)} \qquad (3 - 4)$$

从以上分析可以看出,在高频电路中,电阻、电容、电感连通导线这些基本无源器件的特征明显与理想元件的特性不同。电阻在低频时阻值恒定,在高频时显示出谐振的二阶系统响应;电容在低频时电容值与频率成反比,在高频时电容中的电介质产生了损耗,显示出电容的阻抗特性。对于电容和电感来说,为了达到调谐的目的,通常希望得到尽可能高的品质因数。

3.2　高频电路中的有源器件

高频电路中的有源器件,包括各种半导体二极管、晶体管、场效应管和集成电路,这些器件工作在高频范围时,对器件的某些性能要求会更高。随着半导体和集成电路技术的高速发展,能满足高频应用要求的器件越来越多,同时出现了一些专用的高频半导体器件。在高频电路中完成信号的放大、非线性变换等功能的有源器件,主要是二极管、晶体管、场效应管和集成电路。

3.2.1　二极管

在高频电路中,二极管主要用在调制、检波、解调、混频及锁相环等非线性变换电路中。工作的状态不同,二极管中电容产生的影响效果也不同。二极管的电容效应在高频电路中不能忽略。

1. 二极管的电容效应

二极管具有电容效应,它的电容包括势垒电容 C_B 和扩散电容 C_D。二极管呈现出的总电容 C_j 相当于两者的并联,即 $C_j = C_B + C_D$。当二极管工作在高频时,PN 结电容(包括扩散电容和势垒电容)不能忽略。当频率高到某一程度时,电容的容抗小到使 PN 结短路,导致二极管失去单向导电性,不能工作。PN 结面积越大,电容也越大,二极管越不能在高频情况下工作。

二极管是一个非线性器件,但对非线性电路的分析和计算是比较复杂的。为使电路的分析简化,可以用线性元件组成的电路来模拟二极管,考虑到二极管的电阻和门限电压的影响,实际二极管可用如图 3-7(a)所示的电路图来等效。在二极管两端加直流偏置电压和二极管,工作在交流小信号的条件下,可以用简化的等效电路,如图 3-7(b)所示。图中,r_s 为二极管 P 区和 N 区的体电阻,r_j 为二极管 PN 结电阻。

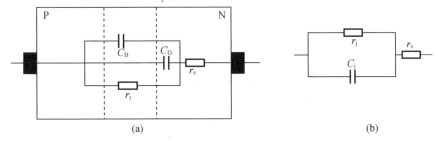

图 3-7　实际二极管的等效电路图

(a)二极管的物理模型;(b)简化等效电路

2. 变容二极管

在高频电路中,利用二极管的电容效应,还可以制成变容二极管。变容二极管是利用 PN 结来实现的。PN 结的电容包括势垒电容和扩散电容两部分,而变容二极管主要利用的是势垒电容。变容二极管在正常工作时处于反偏状态,其特点是等效电容随偏置电压变化而变化,此时基本上不消耗能量,噪音小且效率高。由于变容二极管的这一特点,可以将其利用在许多需要改变电容参数的电路中,从而构成电调谐器、自动调谐电路、压控振荡器等电路。此外,具有变容效应的某些微波二极管(微波变容管)还可以进行非线性电容混频、倍频。

3.2.2　晶体管

高频晶体管有两大类:一类是进行小信号放大的高频小功率管,对它们的主要要求是高增益和低噪声;另一类为高频功率放大管,除了增益外,要求其在高频时有较大的输出功率。目前,双极型小信号放大管的工作频率可达几千兆赫兹,噪声为几分贝。在高频大功率晶体管方面,几百兆赫兹的频率下,双极型晶体管的输出功率可达十几瓦至上百瓦。在分析高频放大器时,要考虑晶体管频率特性及晶体管在高频时的等效模型。晶体管等效模型有混合 π 等效模型与网络 Y 参数等效模型。

在分析由高频小功率管组成的交流放大电路时,其重要的交流特性就是电路频率特性,也就是电路所具有的频带。电路的频率特性与高频管频率特性有着密切的关系,虽然在上述分析中使用了等效模型的概念,但是实际的电路由于三极管频率特性的限制,以及输入和输出端电容的存在,都会引起电路频率特性的改变。同时,为了确定电路的正常工作条件,保证模型成立,也必须对电路进行频率分析。分析频率特性有两种方法:一种是傅立叶变换分析法;另一种是波特图方法。

3.3 高频小信号放大器

3.3.1 概述

1. 高频小信号放大器的用途、分类

高频小信号放大器广泛用于广播、电视、通信、雷达等接收设备中,其主要功能是从所接收的信号中选择有用的信号并加以放大,且对无用信号、噪声等加以抑制。高频小信号放大器也广泛应用于其他电子设备中,例如测量仪器、发射机等。高频小信号放大器主要分为两类:一类是以谐振回路为负载的谐振放大器;另一类是以集中选择性滤波器为负载的集中选频放大器。谐振放大器常由晶体管等放大器件与 LC 串、并联谐振回路或耦合谐振回路构成。集中选频放大器是将放大及选频两种功能分开处理,目前一般采用集成宽频带放大器。常用的集中选择性滤波器有 LC 带通滤波器、晶体管微波器、陶瓷滤波器及声表面波滤波器等。因此,采用集中选频放大器线路简单,性能可靠,调整方便。

小信号作用下的高频放大器,由于信号的幅度都很小,故放大器通常都工作在甲类状态。放大器可看作有源线性电路,可采用小信号等效电路来加以分析。又因其负载为谐振电路,故可采用 Y 参数电路进行分析比较。

2. 高频小信号放大器的主要参数

(1)谐振增益

它反映放大器对有用信号的放大性能。

(2)通频带

指放大器的增益比谐振增益下降到一定数值时,所对应的频率范围。

(3)选择性

指放大器在含有各种不同频率的信号集合中,选出有用信号,排除干扰信号的能力。

实际上,通频带与选择性是相互制约的。一般情况下,通频带越宽,对特定频率干扰的选择性就越差。

3.3.2 谐振回路

谐振回路也称为振荡回路,是最常用的选频网络,它是由电感线圈和电容组成的。简单的谐振回路常分为三大类,即串联谐振回路、并联谐振回路及耦合谐振回路。

1. 串联谐振回路

串联谐振回路如图 3-8 所示。图中 R 表示 L 和 C 的总损耗电阻,由于电容损耗比电感损耗小得多,因此,R 近似等于线圈的损耗电阻。

如图 3-8 所示,串联谐振回路的总电阻抗为

$$Z = R + \mathrm{j}\left(\omega L + \frac{1}{\omega C}\right) \tag{3-5}$$

当信号源的角频率 ω 发生改变时,回路的感抗 ωL 和容抗 $1/(\omega C)$ 将随之变化,ωL 随频率的升高而增加,$1/(\omega C)$ 随频率的升高而减小。在某一频率上,回路的感抗与容抗相等时,

回路的总阻抗最小,此时回路电流最大,电流与电压同相,回路发生了串联谐振。

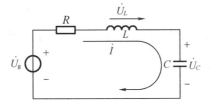

图 3 − 8　串联谐振回路

串联谐振回路的谐振条件为

$$\omega_0 L - \frac{1}{\omega_0 C} = 0 \tag{3-6}$$

由此可求得串联谐振频率为

$$\omega_0 = \frac{1}{\sqrt{LC}} \text{或} f_0 = \frac{1}{2\pi\sqrt{LC}} \tag{3-7}$$

当谐振时回路的感抗与容抗相等时,通常称它们为回路的特性阻抗,用 ρ 表示,即

$$\rho = \omega_0 L = \frac{1}{\omega_0 C} = \sqrt{\frac{L}{C}} \tag{3-8}$$

回路的特性阻抗与回路固有损耗的比值,通常称为回路的固有品质因数,用 Q_0 表示,即

$$Q_0 = \frac{\omega_0 L}{R} = \frac{1}{\omega_0 CR} = \frac{\sqrt{\frac{L}{C}}}{R} = \frac{\rho}{R} \tag{3-9}$$

可见,Q_0 实际上表征了回路谐振过程中电抗元件的储能与电阻元件的耗能之比。Q_0 越大,回路电抗元件的储能越大,电阻元件的耗能越小。

2. 并联谐振回路

并联谐振回路如图 3 − 9 所示,图中 R 代表线圈 L 的等效损耗电阻,由于电容器的损耗很小,其损耗电阻可以略去。$\dot{I}_g$ 为信号电流源。由图可得,并联谐振回路的并联阻抗为

$$Z = \frac{(R + j\omega L)\frac{1}{j\omega C}}{R + j\omega L + \frac{1}{j\omega C}} = \frac{L}{CR} \frac{1 - j\frac{R}{\omega L}}{1 + j\left(\frac{\omega L}{R} - \frac{1}{\omega CR}\right)} \tag{3-10}$$

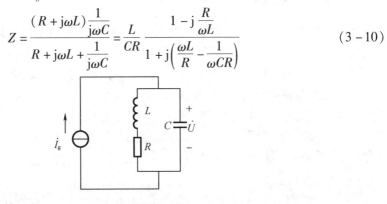

图 3 − 9　并联谐振回路

当 $-\frac{R}{\omega L} = \frac{\omega L}{R} - \frac{1}{\omega CR}$ 时,回路发生并联谐振,此时回路的谐振角频率为

$$\omega_P = \sqrt{\frac{1}{LC} - \frac{R^2}{L^2}} = \frac{1}{\sqrt{LC}}\sqrt{1 - \frac{CR^2}{L}} \qquad (3-11)$$

在实际电路中,通常 R 很小,故并联谐振回路的谐振角频率为

$$\omega_P \approx \omega_0 = \frac{1}{\sqrt{LC}} \qquad (3-12)$$

在谐振回路中,同样称谐振时的感抗和容抗为回路的特性阻抗 ρ,即

$$\rho = \omega_P L = \frac{1}{\omega_P C} = \sqrt{\frac{L}{C}} \qquad (3-13)$$

并联谐振回路的品质因数为

$$Q_P = \frac{\rho}{R} = \frac{\sqrt{\frac{L}{C}}}{R} \qquad (3-14)$$

3. 串、并联回路阻抗特性比较

(1)由串联回路与并联回路的阻抗特性可知,串联回路在谐振频率点的阻抗最小,相频特性曲线斜率为正;并联回路在谐振频率点的阻抗最大,相频特性曲线斜率为负。因此,串联回路在谐振时,通过回路的电流 I_0 最大;并联回路在谐振时,回路两端的电压 U_0 最大。

在实际选频应用时,串联回路适合与信号源与负载串联连接。使有用信号通过回路有效地传给负载;并联回路适合与信号源和负载并联连接,使有用信号在负载上的电压振幅增大。

(2)串、并联回路的导纳特性曲线与阻抗特性正好相反。前者在谐振频率处的导纳最大且相频特性曲线斜率为负;后者在谐振频率处的导纳最小且相频特性曲线斜率为正。

4. 信号源及负载对谐振回路的影响

在实际应用中,谐振回路必须是信号源与负载相连接。信号源的输出阻抗和负载阻抗都会对谐振回路特性产生非常明显的影响,它们不但会使回路的等效品质因数下降、选择性变差,而且还会使谐振回路的调谐频率发生偏移。因此,在实际电路中,常采用阻抗变换电路来减小信号源的输出阻抗和负载阻抗对谐振回路的影响。

3.3.3　集中选频放大器

为了同时获得较高的增益和较宽的通频带,就必须采用多级调谐放大器,这将为整机的安装和调试带来较大的麻烦。由于要求各级同时在同一频率或规定的某些频率上,当电路中某一级调整时,该级输入、输出的导纳的变化,将同时改变前后级的谐振状态。当多极工作时电路参数要一致,稳定性要高,这些往往都是难以实现的。采用集中滤波选频放大器可以很方便地获得高增益,同时具有良好的选择性。

集中滤波器的任务是选频,要求在满足通频带指标的同时,矩形系数要好,其主要类型有集中 LC 滤波器、陶瓷滤波器和声表面波滤波器等。

1. 集中 LC 滤波器

集中 LC 滤波器通常由一节或若干节 LC 网络组成。根据网络理论,按照带宽、衰减特性的要求进行设计,如图 3-10 所示给出了一种集中 LC 滤波器的网络结构图。

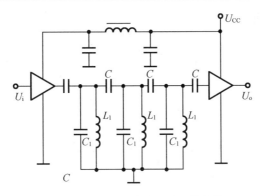

图 3－10　集中 LC 滤波器的网络结构图

2. 陶瓷滤波器

陶瓷滤波器是由锆钛酸铅陶瓷材料制成的,把这种陶瓷材料制成片状,将两面涂银作为电极,经过直流高压极化后,就具有压电效应。压电效应,是指当陶瓷片发生机械形变时,例如拉伸或压缩,它的表面就会出现电荷,而当陶瓷片两电极加上电压时,它就会产生伸长或压缩的机械形变。用这种材料制作的选频器件,具有选频特性,且具有无须调谐、体积小、加工方便等优点。如图 3－11、图 3－12 所示给出了它的等效电路图及电路符号。图中 C_0 为压电陶瓷片的固定电容值,L_q、C_q、r_q 分别相当于机械振动时的等效质量、等效弹性系数和等效阻尼。当压电陶瓷片的厚度与半径尺寸不同时,其等效电路参数也不同。

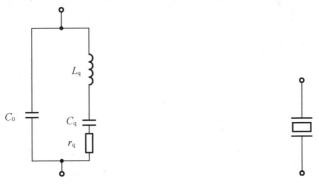

图 3－11　压电陶瓷的等效电路图　　　图 3－12　压电陶瓷的电路符号

如图 3－13 所示,若将不同频率的压电陶瓷片进行适当地组合连接,就可以构成四端陶瓷滤波器。由于陶瓷片的品质因数比一般 LC 回路的品质因数高,因此,四端陶瓷滤波器可以获得接近矩形的幅频特性。如图 3－13(a)所示是由两个陶瓷片组成的四端陶瓷滤波器,如图 3－13(b)所示是四端陶瓷滤波器的电路符号。

注意:

(1)在使用四端陶瓷滤波器时,应注意输入、输出阻抗必须与信号源、负载阻抗相匹配,否则其幅频特性将会变坏。

(2)陶瓷滤波器的工作频率可以从几百千赫到几十兆赫,带宽可做得很小,但其频率特性曲线比较难控制,通频带也不够宽。

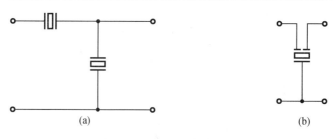

图 3 – 13 四端陶瓷滤波器

(a)两个陶瓷片组成的四端陶瓷滤波器;(b)四端陶瓷滤波器的电路符号

3. 声表面波滤波器

声表面波滤波器是在经过研磨抛光、极薄的电压材料基片上,用蒸发、光刻、腐蚀等工艺制成两组叉指状电极。其中,与信号源连接的一组称为发送叉指换能器;与负载连接的一组称为接收叉指换能器。当把输入电信号加到发送叉指换能器上时,叉指间便会产生交变电场,由于逆压电效应的作用,机体材料将产生弹性形变,从而产生声波振动。向基片内部传送的体波会很快衰减,而表面波则向垂直于电动机的左右两个方向传播。

声表面波滤波器的滤波特性,例如中心频率、频带宽度,频响特性等,一般是由叉指换能器的几何形状和尺寸所决定的。这些几何尺寸包括叉指对数、指条宽度 a、指条间隔 b、指条有效厚度 B 和周期长度 M 等。

目前,声表面波滤波器的中心频率在 10 MHz ~ 1 GHz 之间,相对带宽为 0.5% ~ 5%,插入损耗最低仅几分贝,矩形系数可达 1.2。为了保证对信号的选择性要求,声表面波滤波器在接入实际电路时,必须实现良好的匹配。

本 章 小 结

高频电路中使用的元器件分为无源器件和有源器件。高频电路中使用的元器件与低频电路中使用的元器件基本相同,但要注意它们在高频使用时的高频特性。无源器件主要包括电阻、电容和电感;有源器件包括二极管和晶体管等。

高频谐振放大器采用 LC 谐振回路作为选频网络,其选频性能好坏,可由通频带和选择性这两个互相矛盾的指标来衡量。矩形系数是综合说明这两个指标的一个参数,矩形系数越小,谐振放大器的幅频特性越理想。

集中选频放大器是由集成宽带放大器与集中选频滤波器构成的,它具有接近理想矩形的幅频特性、性能稳定可靠、调整方便等优点,因而获得广泛应用。

习   题

3 – 1 分别画出在高频电路中的电阻器、电容器和电感器的电路模型,指出理想电阻、理想电容和理想电感的不同并进行比较,它们的电路性能有何不同,为什么?

3－2　画出两个不同阻值的电阻器串联的高频模型,并与理想电阻串联电路性能进行比较。

3－3　画出两个不同阻值的电阻器并联的高频模型,并与理想电阻并联电路性能进行比较。

3－4　画出电阻器与电感器串联电路的高频模型,并与理想电阻和理想电感串联电路的性能进行比较。

3－5　画出电阻器与电感器并联电路的高频模型,并与理想电阻和理想电感并联电路的性能进行比较。

3－6　画出电阻器与电容器串联电路的高频模型,并与理想电阻和理想电容串联电路的性能进行比较。

3－7　画出电阻器与电容器并联电路的高频模型,并与理想电阻和理想电容并联电路的性能进行比较。

3－8　画出电感器与电容器串联电路的高频模型,并与理想电感和理想电容串联电路的性能进行比较。

3－9　画出电感器与电容器并联电路的高频模型,并与理想电感和理想电容并联电路的性能进行比较。

第4章

工厂供电与安全用电电工测量

4.1 发电、输电概述

4.1.1 电能的产生

随着我国经济的飞速发展和人民生活质量的不断提高,作为绿色能源的电能越来越成为现代人们生产和生活中的重要能量。它具有清洁、无噪声、无污染、易转化(例如转化成光能、热能、机械能等)、易传输、易分配、易调节和测试等优点,因此,在工矿企业、交通运输、国防科技和人民生活诸方面得到广泛的应用。电能是二次能源,是通过其他形式的能量转化而来的,例如水能、热能、风能、核能、太阳能等。电能主要是由发电厂来产生,再由电力网来传输与分配。因此,电力工业也就成了国民经济发展的重要产业,成了社会主义现代化建设的基础。

4.1.2 电力系统的组成

电能的产生、传输与分配是通过电力系统来实现的。发电厂的发电动机发出的电能,经过升压变压器后,再通过输电线路传输,送到降压变电所,经降压变压器降压后,再经配电线路送到用户端,用户再利用用户变压器降压至所需电压等级进行供电,从而完成了一个发电、输电、配电、用电的全过程。连接发电厂和用户之间的环节称为电力网。如图4-1所示,发电厂、电力网和用户组成的统一整体称为电力系统。下面对电力系统各组成部分做简要介绍。

1. 发电厂

发电厂是用来发电的,是电能生产的主要场所,在电力系统中处于核心地位。根据发电厂转化电能的一次能源不同,发电厂可分为火力发电厂(一次能源为煤、油、天然气)、水力发电厂(一次能源为水势能)、核电厂(一次能源为核能)、地热发电厂(一次能源为地热)、风力发电厂(一次能源为风能)、太阳能发电厂(一次能源为太阳能)等。

由于我国的煤矿资源和水力资源丰富,因此,火力发电和水力发电占据我国电力生产的主导地位。随着核电的开发,核能发电的比例也在逐渐增大。由于核电厂消耗的一次能源"浓缩铀"相比火电厂消耗的煤数量和成本要少得多(在产生相同的电能前提下),因此,发展核电对人类有着很重要的意义。

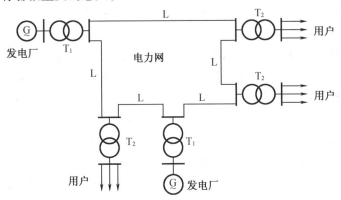

图 4 - 1 电力系统示意图

T_1—升压变压器;T_2—降压变压器;L—输电线路

2.电力网

电力网是发电厂和用户之间的联系环节,一般由变电所和输电线路构成。其中,变电所是接受电能、变换电压和分配电能的场所,一般可分为升压变电所和降压变电所两大类。升压变电所是将低压电变换为高压电,一般建在发电厂附近;降压变电所是将高压电变换为一个合理、规范的低压电,一般建在靠近负荷中心的地点。

输电线路是电力系统中实施电能远距离传输的环节。它一般由架空线路及电缆线路组成。架空线路主要由导线、避雷线、绝缘子、杆塔和拉线、杆塔基础及接地装置构成,如图 4 - 2 所示。架空线路由其结构简单,施工简便,建设速度快,检修方便,成本低等优点而被广泛应用于电力系统,成为我国电力网的主要输电方式;电缆线路则较为简单,一般采用直埋方式将电缆埋在地下或采用沟道内敷设的方式;电力电缆线路中由于电缆价格昂贵,成本高,检修不便等因素而用于架空线路不便架设的场合,例如大城市中心、过江、跨海、污染严重的地区等。

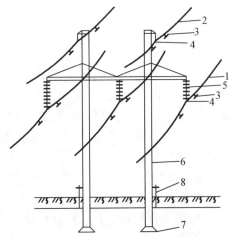

图 4 - 2 架空线路的组成元件

1—导线;2—避雷线;3—防振锤;4—线夹;5—绝缘子;6—杆塔;7—杆塔基础;8—接地装置

为了提高电力系统的稳定性,保证用户的用电质量和供电可靠性,通常电力网会把多个发电厂、变电所联合起来,构成一个大容量的电力网进行供电。目前,我国有华东、华中、华北、南方、东北和西北六大电力网。

电力网按其功能可分为输电网和配电网。由 35 kV 及以上输电线路和变电所组成的电力网称为输电网,其作用是将电能输送到各个地区的配电网或直接送到大型工矿企业,是电力网中的主要部分。由 10 kV 及以下的配电线路和配电变电所组成的电力网称为配电网,它的作用是将电力分配给各用户。

电力网按其结构形式又可分为开式电力网和闭式电力网。用户从单方向得到电能的电力网称为开式电力网,其主要由配电网构成;用户从两个及两个以上方向得到电能的电力网称为闭式电力网,它主要由输电网组成或由输电网和配电网共同组成。

3.用户

用户是指电力系统中的用电负荷。电能的生产和传输最终是为了供用户使用。对于不同的用户,其对供电可靠性的要求也不一样。根据用户负荷的重要程度,把用户分为以下三个等级。

(1)一级负荷

这类负荷一旦中断供电,将造成人身事故,重大电气设备严重损坏,群众生活发生混乱,生产、生活秩序较长时间才能恢复。

(2)二级负荷

这类负荷一旦中断供电,将造成主要电气设备损坏,影响产量,造成较大经济损失,影响群众生活秩序等。

(3)三级负荷

一级、二级负荷以外的其他负荷称为三级负荷。

在这三类负荷中,对于一级负荷,应最少由两个独立电源供电,其中一个电源为备用电源。对于二级负荷,一般由两个回路供电,两个回路电源线应尽量引自不同的变压器或两段母线。对于三级负荷,则无特殊要求,采用单电源供电即可。

4.2 工 厂 供 电

提高产品质量、增强产品竞争能力、取得良好经济效益是每个工矿企业的首要任务。在自动化程度日益提高的形势下,工厂对供电的可靠性及电能质量的要求也越来越高。为了保证工厂生产和生活的用电需要,并有效节约能源,工厂供电必须做到安全、可靠、优质、经济,这就需要合理的工厂配电系统。

工厂配电系统的形式是多种多样的,其基本接线方式有三种:放射式、树干式和环式。各工厂配电网具体采用哪种接线方式,需要根据工厂负荷对供电可靠性的要求、投资的大小、运行维护方便及长远规划等原则来分析确定。下面对常见的双回路放射式工厂配电系统来说明工厂配电的结构,如图 4-3 所示。

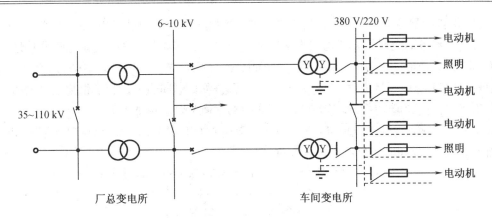

图 4 – 3　工厂配电系统示意图

工厂总变电所从地区 35 ~ 110 kV 电网引入电源进线,经厂总变压器降压至 6 ~ 10 kV 电压,再通过高压配电线路送给车间变电所(或高压用电设备),经车间变电所变压器二次降压至 380 V/220 V 后,经低压配电线路送给车间负荷,或经低压配电箱分配送给车间负荷,例如电动机、照明灯等。在低压配电系统中,一般采用三相四线制接线方式。

工厂变电所地址的选择直接影响到供电系统的造价和运行情况。选择时,应尽量靠近负荷中心,并考虑进出线方便,污染少,交通方便,远离易燃、易爆场所,不妨碍工厂或车间的发展等因素。

4.3　安全用电

4.3.1　安全用电的意义

随着电气化的发展,人们在生产和生活中大量使用了电气化设备和家用电器。但在使用电能的过程中,如果不注意用电安全,可能造成人身触电伤亡事故或电气设备的损坏,甚至影响到电力系统的安全运行,造成大面积的停电事故,使国家财产遭受损失,给生产和生活造成很大影响。因此,在使用电能的同时,必须注意安全用电,以保证人身、设备、电力系统三方面的安全,防止事故的发生。

4.3.2　安全用电的措施

"安全第一,预防为主"是安全用电的基本方针。为了使电气设备能正常运行,人身不致遭受伤害,必须采取各种安全措施,通常从以下几个方面着手。

1. 建立制度

建立健全的安全操作规程和安全管理制度,宣传和普及安全用电的基本知识。

2. 电气设备采用保护接地和保护接零

电气设备的保护接地和保护接零是防止人体触及绝缘损坏的电气设备所引起的触电事故而采取的有效措施。

（1）保护接地

将电气设备的金属外壳或构架与接地装置良好连接,这种保护方式称为保护接地。如图 4-4 所示,当电气设备的绝缘损坏,设备的金属外壳带电时,若此时人体接触金属外壳,接地短路电流 I_D 就通过人体流入地,与三相导线对地分布电容构成回路,危及人身安全。当采用了保护接地后,若人体接触外壳,人体就与接地装置的接地电阻 r_D 并联,共同流过短路电流 I_D。只要接地电阻 r_D 足够小(一般为 4 Ω 以下),那么流过人体的电流也就足够小,从而不会对人体造成伤害。

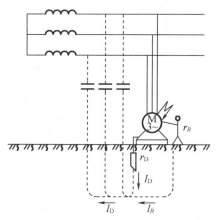

图 4-4　保护接地

保护接地适用于中性点不接地的低电压网。在不接地电网中,由于单相接地电流较小,利用保护接地可使人体避免发生触电事故。但在中性点接地电网中,由于单相对地电流较大,保护接地就不能完全避免人体触电的危险,而要采用保护接零。

（2）保护接零

将电气设备的金属外壳或结构与电网的零线相连接,这种保护方式称为保护接零。如图 4-5 所示,当电气设备电线一相碰壳时,该相通过金属外壳对零线发生单相对地短路,短路电流能促使线路上的保护装置迅速动作,切除故障部分的电流,消除人体触及金属外壳时的触电危险。

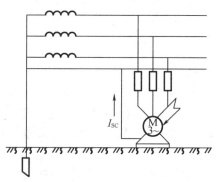

图 4-5　保护接零

保护接零适用于电压为 380 V/220 V,中性点直接接地的三相四线制系统。在这种系统中,凡是由于绝缘破坏或其他原因可能出现危险电压的金属部分,除有另行规定外,均应采取接零保护。

3. 安装漏电保护装置

漏电保护装置的作用,主要是防止由电器设备漏电引起的触电事故和单相触电事故。

4. 特殊电气设备

对于一些特殊电气设备(例如机床局部照明、携带式照明灯等)以及在潮湿场所、矿井等危险环境,必须采用安全电压(36 V,或 24 V,或 12 V)供电。

此外,防雷和防电气火灾也是安全用电的重要内容之一,下面做简要叙述。

大气中带电的云(即雷云)对地放电的现象称为雷,雷云放电产生的冲击电压,其幅值可高达十万伏至数百万伏。如此高的电压,若侵入到电力系统,将损坏电气设备的绝缘材料,引起火灾、爆炸甚至窜入低压电路,造成严重的后果。雷电的危害主要有三种形式:直击雷、感应雷、雷电侵入波。常见的防雷措施有安装避雷针、避雷线、避雷网、避雷器、保护间隙、设备外壳可靠接地等。

电气火灾是指由电气设备的绝缘材料的温度升高或遇到明火而燃烧,并引起周围可燃物的燃烧或爆炸所形成的火灾。电气火灾火势凶猛,蔓延迅速,若不及时扑灭,不仅会造成人身伤害与设备损坏,而且还会给国家财产造成重大损失。因此,预防电气火灾十分必要。造成电气火灾的原因除电气设备安装不良、选择不当等设计和施工方面的原因外,运行中短路(引起温升最快最高)、过负荷及接触电阻过大都会引起电气设备温度升高,导致火灾。预防电气火灾,必须采用综合性措施,例如合理选用电气设备,保证设备的正常运行,装设短路、过负荷的保护装置,采用耐火设施并保持通风,加强日常电气设备维护、监视和定期检修工作等。

4.3.3 触电急救

触电的现场急救是抢救触电者的关键。当发现有人触电时,现场人员必须当机立断,用最快的速度、以正确的方法使触电者脱离电源,然后根据触电者的临床表现,立即进行现场救护。如果触电者呼吸停止,心脏也不跳动,但无明显的致命外伤,这种情况认为是假死,必须立即进行抢救,分秒必争地使触电假死者获救。正确的触电急救方法如下。

1. 迅速脱离电源

触电急救,首先要使触电者迅速脱离电源,越快越好。因为电流作用时间越长,伤害就越重。在脱离电源的过程中,救援人员既要救人,也要注意保护自己,使触电者脱离电源有以下几种方法,可根据具体情况选择采用。

(1)脱离低压电源的方法

①迅速切断电源,例如拉开电源开关或刀闸开关。但应注意,普通拉线开关只能切断一相电源线,不一定切断的是相线,所以不能认为已完全切断了电源线。

②如果电源开关或刀闸开关距离触电者较远,可用带有绝缘柄的电工钳或干燥木柄的斧头、铁锹等将电源线切断。

③触电者由于肌肉痉挛,手指握紧导线不松或导线缠绕在身上时,可先用干燥的木板塞进触电者的身下,使其与地绝缘来隔断电源,再采取其他办法切断电源。

④导线搭落在触电者身上或身下时,可用干燥的木棒、竹竿挑开导线或用干燥的绝缘

绳索套拉导线或触电者,使其脱离电源。

⑤救护者可用一只手戴上绝缘手套或站在干燥的木板、木桌椅等绝缘物上,用一只手拉触电者脱离电源。

(2)脱离高压电源的方法

①立即通知有关部门停电。

②戴上绝缘手套,穿上绝缘靴,拉开高压断路器或用相应电压等级的绝缘工具拉开高压跌落式熔断器。

③抛掷裸金属软导线,造成线路短路,迫使保护装置动作,切断电源。

(3)触电者脱离电源时的注意事项

①救护人员不得使用金属或其他潮湿的物品作为救护工具。

②未采取任何绝缘措施,救护人员不得直接与触电者的皮肤或潮湿的衣服接触。

③防止触电者脱离电源后出现摔伤事故。

2. 现场救护

触电者脱离电源后,应立即将其就近移至干燥通风的场所,进行现场救护。同时,通知医务人员到现场并做好送往医院的准备工作。现场救护可按以下办法进行处理。

(1)触电者所受伤害不太严重,神志清醒,只是有些心慌、四肢发麻、全身无力或一度昏迷,但未失去知觉,此时应使触电者静卧休息,不要走动。同时,严密观察,请医生前来或送医院诊治。

(2)触电者失去知觉,但呼吸和心跳正常。此时,应使触电者舒适平卧,四周不要围人,保持空气流通,可解开其衣服以利呼吸。同时,请医生前来或送医院诊治。

(3)触电者失去知觉,且呼吸和心跳均不正常。此时,应迅速对触电者进行人工呼吸或胸外心脏按压,帮助其恢复呼吸功能,并请医生前来或送医院诊治。

(4)触电者呈假死症状,若呼吸停止,应立即进行人工呼吸;若心脏停止跳动,应立即进行胸外心脏按压;若呼吸和心跳均已停止,应立即进行人工呼吸和胸外心脏按压。现场救护工作应做到医生来前不等待,送医院途中不中断,否则,触电者将很快死亡。

(5)对于电伤和摔伤造成的局部外伤,在现场救护中也应作适当处理,防止触电者伤情加重。

4.4 电 工 测 量

4.4.1 电流与电压测量

1. 电流的测量

电流的测量通常是用电流表来实现的,其测量方法是将电流表串联于被测电流支路中,如图4-6(a)所示。由于电流表的量程一般都比较小,为了测量更大的电流,就必须扩大仪表的量程,其方法是采用如图4-6(b)所示分流器和如图4-6(c)所示电流互感器实现。

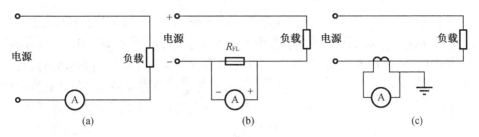

图 4 - 6　电流表的接线

(a)电流表串联于被测电流支路;(b)分流器;(c)电流互感器

通过采用分流器来扩大电流表的量程,如图 4 - 7 所示,其扩大量程步骤如下:

(1)首先要知道表头的内阻 R_C 和满刻度电流 I_C;

(2)根据并联电路原理,求出量程扩大倍数 n, $n = I/I_C$(I 为扩大量程后满刻度电流, I_C 为表头满刻度电流);

(3)求出分流器的阻值。

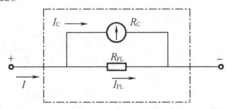

图 4 - 7　电流表的分流

因此,其具体计算过程如下

$$I_C = I \frac{R_{FL}}{R_{FL} + R_C}$$

$$I_C R_C = R_{FL}(I - I_C)$$

$$R_{FL} = \frac{R_C I_C}{I - I_C}$$

$$R_{FL} = \frac{R_C}{n - 1}$$

式中　R_C————量机构内阻;

　　　R_{FL}————分流电阻。

【例 4 - 1】　已知表头的内阻为 2 kΩ,满偏转电流为 500 μA,如果将该表量程扩大为 5 A,试问应该并联的电阻 R_{FL} 为多大?

解　分流系数为

$$n = \frac{I}{I_C} = \frac{5}{500 \times 10^{-6}} = 1 \times 10^4$$

电阻 R_{FL} 为

$$R_{FL} = \frac{R_C}{n - 1} = \frac{1\ 000}{10^4 - 1} \approx 0.1\ \Omega$$

通常应用电流表测量线路电流时,需要切断被测线路才能将电流表和电流互感器的一次线圈串接到电路中。但一些不允许切断线路的电路,则必须采用钳型电流表进行测量。

钳型电流表主要由电流互感器和电流表组成。它最大的优点就是可在不切断电路的情况下测量电流。如图 4-8 所示为共立 2033 交直流数字式钳型电流表,它的使用十分简单。使用时只要选取电流量程后,紧握扳手,电流互感器的铁心张开,再钳入被测线路导线,松开扳手,此时就可以在电流表中读取测量数据了。

图 4-8 共立 2033 交直流数字式钳型电流表

2. 电压的测量

电压的测量通常是用电压表来实现的,其测量方法是将电压表并联于被测元件的两端,如图 4-9(a)所示。为了测量较高电压,通常在电压表回路中串联一个高阻值的附加电阻(交流电路也可采用电压互感器)来扩大电压表的量程,如图 4-9(b)和图 4-9(c)所示。

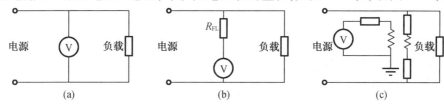

图 4-9 电压表的接线

(a)电压表并联于被测元件两端;(b)通过附加电阻扩大电压表量程;(c)通过电压互感器扩大电压表量度

一般电压表扩大量程采用串联附加电阻的方法,如图 4-10 中虚线框内所示。

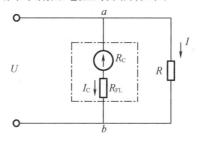

图 4-10 电压表的扩程

此时,通过测量机构的电流 I_C 为

$$I_C = \frac{U}{R_{FL} + R_C}$$

式中 R_C——测量机构电阻;

R_{FL}——附加电阻。

从上式可以看出,只要附加电阻R_{FL}不变,则I_C与两端点电压U成正比。若将电压表量程扩大M倍时,则附加电阻R_{FL}可通过下式求取,即

$$R_{FL} = (M-1)R_C$$

【例4-2】　一个刻度偏转电流I_C为500 μA,内阻R_C为200 Ω的表头,要制成量程为300 V的电压表,试问应串联多大的附加电阻R_{FL}?

解　表头满刻度偏转时两端的电压为

$$U_C = R_C I_C = 200 \times 500 \times 10^{-6} = 0.1 \text{ V}$$

量程扩大倍数

$$M = \frac{U}{U_C} = \frac{300}{0.1} = 3\,000$$

则附加电阻

$$R_{FL} = (M-1)R_C = (3\,000-1) \times 200 = 599.8 \text{ k}\Omega$$

4.4.2　电功率测量

1. 单相交流和直流功率的测量

功率的测量是基本的电路测量之一。由电工基础可知,直流电路和交流电路的功率计算公式如下:

直流功率

$$P = UI \tag{4-1}$$

交流功率

$$P = UI\cos\varphi \tag{4-2}$$

通常采用电动式功率表来进行交、直流功率的测量,其电路图如图4-11所示。它有两组线圈,一组电流线圈为固定电阻R,另一组串接一个附加电阻R_{FL},后为可动的电压线圈。可动线圈所受转动力矩的大小与两线圈中电流的乘积成正比,而固定电流线圈中的电流与负载上的电压也成正比。因此,可动线圈的转动力矩M就与负载中的电流I及其两端的电压U的乘积成正比。在直流电路中,M与P成正比,功率表指针偏转角可直接指示电功率的大小。在测交流功率时,电压线圈中的电流由于R_{FL}较大的原因,电压与电流相位相同,电流线圈中的电流受负载影响而与电压存在一个相位差φ,因此,功率表指针的偏转角也就指示了交流电功率$P = UI\cos\varphi$,电动式功率表既可测量直流功率,又可以测量交流功率。

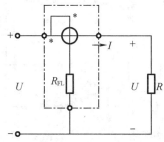

图4-11　电动式功率表测量交、直流功率电路图

单相功率表的接线如图 4-12 所示。电压和电流各有一个接线端上标有"＊"或"＋""－"的极性符号。对于单相功率表的电压"＊"端,可以和电流"＊"端接在一起,也可以和电流的无符号端连在一起。前者称为前接法,适用于负载电阻远比功率表电流线圈电阻大得多的情况;后者称为后接法,适用于负载电阻远比功率表电压支路电阻小得多的情况。在这两种情况下,功率表电压支路中的电流若可忽略不计,便可提高测量准确度。

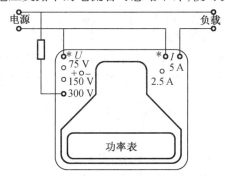

图 4-12　单相功率表的接线

2. 三相功率的测量

在实际工程和日常生活中,由于广泛采用的是三相交流系统,因此,三相功率的测量成为基本的测量。三相功率的测量大多采用单相功率表,也可采用三相功率表。其测量方法有一表法、二表法、三表法及直接三相功率表法四种。下面分别叙述。

(1)一表法

一表法仅适用于三相四线制系统三相负载对称的三相功率测量,如图 4-13 所示。此时,表中读数为单相功率 P_1,由于三相功率相等,因此,三相功率 P 为

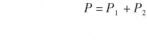

$$P = 3P_1$$

(2)二表法

二表法适用于三相三线制系统中三相功率的测量。此时,无论负载是星形联结还是三角形联结,二表法都适用,其接线如图 4-14 所示。测量结果,三相功率 P 等于两表中的读数之和,即

$$P = P_1 + P_2$$

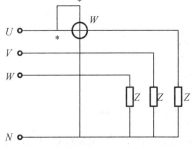

图 4-13　一表法测三相功率接线

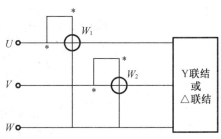

图 4-14　二表法测三相功率接线

（3）三表法

三表法适用于三相四线制负载对称系统或不对称系统的三相功率测量,其接线如图4-15所示。测量结果,三相功率 P 等于各相功率表中读数之和,即

$$P = P_1 + P_2 + P_3$$

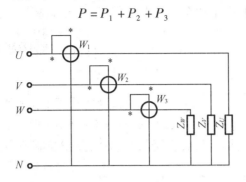

图4-15　三表法测三相功率接线

（4）直接三相功率表法

直接三相功率表法适用于三相三线制电路。它是利用三相功率表直接接在三相电路中进行测量,功率表中的读数即为三相功率 P ,其接线如图4-16所示。

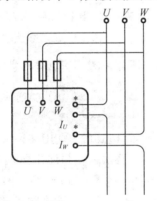

图4-16　直接三相功率表接线

4.4.3　万用表

万用表又称万能表、三用表等,它是一种多功能便携式电工仪表。它可用来测量交流、直流电压和电流、直流电阻,以及二极管、晶体管的参数等,是电工必备的一种测量仪表。万用表按原理不同可分为模拟式万用表和数字式万用表两大类。从外形款式上看,除传统的便携式和袖珍式万用表外,近年来薄型、折叠式、卡装式等万用表已成为新的流行款式。例如 W003、MF133 等型号均实现了薄型化。其中,W003 的外形尺寸仅为 90 mm × 60 mm × 30 mm,质量为 149 g,携带十分方便。

1. 模拟式万用表

模拟式万用表主要为磁电式指针万用表,其结构主要由表头（测量机构）、测量线路和转换开关组成。它的外形可以做成便携式或袖珍式,并将刻度盘、转换开关、调零旋钮,以

及接线插孔装在面板上。下面以 YX360 模拟式万用表为例来进行说明。

YX360 模拟式万用表的外形如图 4 – 17 所示,共有 18 个挡,其使用方法如下。

(1)使用前需调整调零旋钮,使指针准确指示在刻度尺的零位置。

(2)直流电压测量:将表笔插在" + "" – "插孔内(红表笔插" + ",黑表笔插" – ")。估计被测量电压值,选择量程,将旋钮开关旋至相应 DCV 区相应量程上,再将表笔跨接在被测电路两端即可。若不知测量电压的大小,可将旋转开关旋至量程最大挡,然后根据表头指示再选择相应量程。如果指针反打,将表笔对调测量即可。

(3)直流电流测量:将旋转开关旋至被测电流相应的 DCA 区相应量程上,再将表笔串接在被测电路中,即可测量被测电路的电流。

(4)交流电压测量:将旋转开关旋至 ACV 区相应量程上,测量方法同直流电压测量方法。

(5)电阻的测量:将旋转开关旋至 Ω 区相应量程上,先将表笔短路调零,然后将表笔跨接在电阻两端即可测量。

图 4 – 17　YX360 模拟式万用表的外形图

2. 数字式万用表

随着数字技术的发展,数字式万用表(DMM)由于它是以十进制数字直接显示,具有读数直接、简单、准确,功能多(可测量交流、直流电压和电流、电阻、电容、二极管参数等),分辨率高,测量速率快,输入阻抗高,功耗低,保护功能齐全等优点,因此被广泛应用。

(1)数字式万用表的结构原理

数字式万用表的核心部分为数字电压表(DVM),它只能测量直流电压。因此,各种参数的测量都是首先经过相应的变换器,将各种参数转化成数字电压表可接受的直流电压,再送给数字电压表 DVM。在 DVM 中,先经过模数(A/D)转换变成数字值,再利用电子计算器计数并以十进制数字显示被测参数。数字式万用表的一般结构框图如图 4 – 18 所示。其中,在功能变换器中,主要有电流 – 电压变换器、交流 – 直流变换器、电阻 – 电压变换器等。

(2)数字式万用表的使用方法

目前,市场上数字式万用表的型号有很多,例如 DT890 系列、UA70 系列、MS820 系列、VC98 系列、FK92 系列、UT70 系列等,其使用方法相似。下面以 DT890 型号为例,对数字式万用表的使用方法做一下介绍。

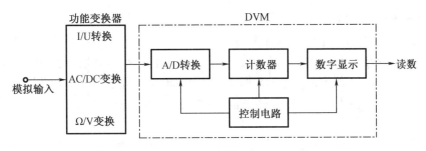

图 4-18　数字式万用表的一般结构框图

①DT890 型数字式万用表的面板

DT890 型数字式万用表的面板如图 4-19 所示。面板上有 LCD 显示器、电源开关、h_{FE} 测量插孔、电容测量插孔、量程转换开关、电容零点调节旋钮、四个输入插孔等。

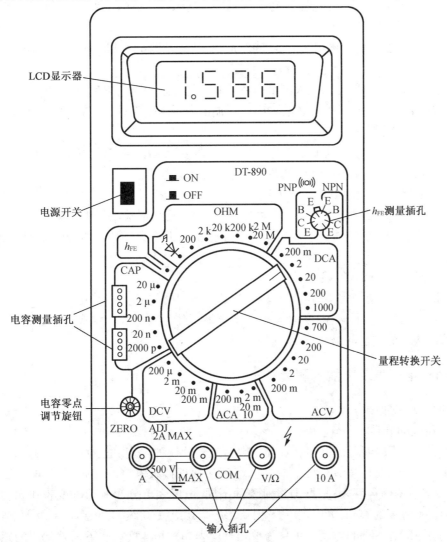

图 4-19　DT890 型数字式万用表的面板

②DT890 型数字式万用表的使用

a. 直流电压挡的使用:将电源开关置于"ON",红表笔插入"V/Ω"插孔,黑表笔插入"COM"插孔,量程开关置于"DCV"范围内合适的量程,将两表笔并联于被测电路两端即可测量直流电压。DT890 数字表直流电压最大可测 1 000 V。当无法估计被测电压大小时,应先拨至最高量程,再根据显示选择合适量程(在交流、直流电压和交流、直流电流测量中都应如此)。

b. 交流电压挡的使用:将量程开关置于"ACV"范围内合适的量程,将两表笔并联于被测电路两端即可测量交流电压。DT890 数字表交流电压最大可测 700 V。

c. 直流电流挡的使用:将量程开关置于"DCA"范围内合适的量程,红表笔插入"A"孔,黑表笔插入"COM"插孔,将两表笔串联于被测电路中即可测量直流电流。当被测电流大于 200 mA 时,应将红表笔改插入"10 A"插孔。当测量大电流时,测量时间不应超过 15 s。

d. 交流电流挡的使用:将量程开关置于"ACA"范围内合适的量程,表笔接法同直流电流测量接法,即可测量交流电流。

e. 电阻挡的使用:使用电阻挡时,红表笔应插入"V/Ω"插孔,黑表笔插入"COM"插孔,量程开关置于"OHM"范围合适的量程,即可测量电阻。

f. h_{FE} 挡的使用:h_{FE} 挡可以用来测量晶体管共发射极连接时的电流放大倍数。此时,应将晶体管对应的三个极分别插入"h_{FE}"相应的插孔,若插入错误,测量结果就不正确。一般此挡测量结果只用作参考。

g. 电容挡的使用:将量程开关置于"CAP"挡,即可测量电容容量。DT890 有 5 个电容挡,最大为 20 μF,最小为 2 000 pF,测量时可选择适当量程。

(3)数字式万用表使用时的注意事项

①严禁在测量高压(100 V 以上)或大电流(0.5 A 以上)时拨动量程开关。

②测量交流时,交流电压或电流的频率不得超过 45 Hz ~ 500 Hz 的范围,否则测量结果不准确。

③测量电阻时,严禁带电测量。

④数字式万用表使用完毕后,应将量程开关置于电压最高量程,再关闭电源。

⑤不得在高温、暴晒、潮湿、灰尘大等恶劣环境下使用或存放数字式万用表,长期不用时,应将万用表内的电池取出。

4.4.4 电度表及电能的测量

1.电度表及其接线方式

(1)电度表的分类

电度表用于测量电能,它是生产和使用数量最多的一种仪表。根据电度表的工作原理不同,电度表可分为感应式、电动式和磁电式三种;根据接入电源的性质不同,电度表可分为交流电度表和直流电度表;根据测量对象的不同,电度表可分为有功电度表和无功电度表;根据测量准确度的不同,电度表可分为 3.0 级、2.0 级、1.0 级、0.5 级、0.1 级等;根据电度表接入电源相数的不同,电度表可分为单相电度表和三相电度表。下面就常用的感应式交流有功电度表的结构及接线做一下介绍。

（2）单相交流电度表的结构及接线

①单相交流电度表的结构

单相交流感应式电度表的结构如图4－20所示。它的主要组成部分有电压线圈、电流线圈、转盘、转轴、上下轴承、蜗杆、永久磁铁、磁轭、计量器、支架、外壳、接线端钮等。工作时，当电压线圈和电流线圈通过交变电流时，有交变的磁通穿过转盘，在转盘上产生感应涡流，这些涡流与交变的磁通相互作用产生了电磁力，从而使转盘转动。计量器通过齿轮比，把电度表转盘的转数变为与之对应的电能指示值。转盘转动后，涡流与永久磁铁的磁感线相切割，受一反向的磁场力作用，从而产生制动力矩，使转盘以某一速度旋转，其转速与负载功率的大小成正比。

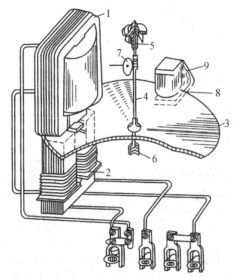

图4－20 单相交流感应式电度表的结构

1—电压线圈;2—电流线圈;3—转盘;4—轴转;5—上轴承;6—下轴承;7—蜗杆;8—永久磁铁;9—磁轭

②单相交流电度表的接线

单相交流电度表可直接接在电路上，其接线方式有两种，即顺入式和跳入式，如图4－21所示。常见的接线方式为跳入式。

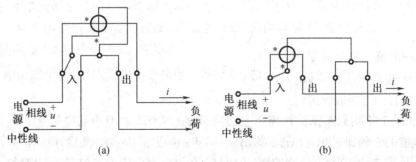

图4－21 单相电度表接线方式

（a）顺入式接线方式;（b）跳入式接线方式

（3）三相交流电度表的结构及接线

①三相交流电度表的结构

三相交流电度表的结构与单相交流电度表相似，它是把两套或三套单相电度表机构套装在同一轴上组成，只用一个"积算"机构。由两套组成的称为两元件电度表，由三套组成的称为三元件电度表。前者一般用于三相三线制电路，后者可用于三相三线制及三相四线制电路。

②三相交流电度表的接线

三相交流电度表的接线可按如图 4 – 22 所示方法接入电路。其中，如图 4 – 22（a）所示为二元件电度表接线，如图 4 – 22（b）所示为三元件电度表接线。

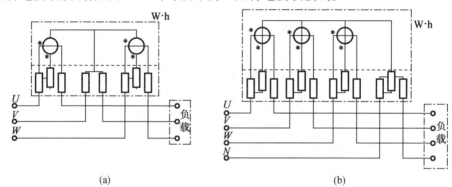

（a）   （b）

图 4 – 22 三相电度表的接线

（a）二元件电度表接线；（b）三元件电度表接线

2. 电能测量

电能的组成包括有功电能和无功电能两部分。有功电能可用有功电度表进行测量，无功电能可用无功电能表进行测量。通常进行的是有功电能的测量。

（1）单相有功电能的测量

可用单相有功电度表进行电路电能测量。当线路电流不大时（在电度表允许工作电流范围内），可采用直接接入法，即把单相电度表直接接入电路进行测量。当线路电流较大，超过了电度表允许的工作电流时，电度表必须经过电流互感器接入电路，此时，电度表实际测量电能为

$$W = KW_r \qquad\qquad (4 - 3)$$

式中　K——电流互感器的变化；

　　　W_r——电度表上的读数。

（2）三相有功电能的测量

在对称的三相四线制系统中，若三相负载对称，则可用一只单相电度表测量任一相电能 W_1，其电能的 3 倍即三相总电能，$W = 3W_1$。若三相负载不对称，测量方法有两种：一是利用三个单相电度表，分别接于三相电路中，再将这三个电度表中的读数相加即得三相总电能，$W = W_1 + W_2 + W_3$；二是利用三相电度表直接接入电路进行测量，电度表上的读数即为三相总电能。当电路中电流和电压都较大时，则电度表必须经过电流互感器及电压互感器才能接入电路进行测量。

本 章 小 结

本章主要讲述了电能是如何产生的、电力系统由几部分组成、工厂供电的组成及分类、安全用电的意义、安全用电的措施、触电急救、电工测量等基本知识。

1. 电能

电能是二次能源,是由发电厂产生的。电力系统是由发电厂、电力网和用户组成,电力网由变电所和输电线路组成。

2. 工厂供电(配电)

工厂供电(配电)必须保证安全、可靠、优质、经济。工厂供电(配电)系统是由地区电网引入电源进线,经厂总变压器及车间变压器两次降压后送给工厂负荷。一般低压配电系统采用三相四线制接线。

3. 安全用电的措施

必须采用保护接零、保护接地、安装漏电保护、防雷、防电气火灾等措施。

4. 触电急救

首先使触电者脱离电源,后根据情况进行现场救护。

5. 电流的测量

电流的测量通常是使用电流表来实现的。电流表分为普通电流表和钳型电流表。普通电流表其测量方法是将电流表串联在被测元件的电路中;钳型电流表是根据电流互感器原理在不切断电路的情况下,对电路中的电流进行测量。

6. 电压的测量

电压的测量通常是使用电压表来实现的,其测量方法是将电压表并联在电路中被测元件的两端,为了测量较高电压,通常在电压表回路中串联一个高阻值的附加电阻(交流电路也可采用电压互感器)来扩大电压表的量程。

7. 电功率测量

(1)单相交流和直流功率的测量

功率的测量是基本的电路测量之一。由电工基础可知,直流电路和交流电路的功率计算公式如下:

直流功率

$$P = UI$$

交流功率

$$P = UI\cos\varphi$$

通常采用电动式单相功率表来进行交、直流功率的测量。

(2)三相功率测量

一般方法有四种:一表法、二表法、三表法及直接三相功率表法。

8. 万用表

万用表是一种多功能电工仪表。根据其原理不同可分为模拟式万用表和数字式万用表两大类。一般可测量直流电压、直流电流、交流电压,有的还可测交流电流、导体电阻、三极管的放大倍数及电容的容量等电学量。

9.电度表

电度表分为单相电度表和三相电度表。三相负载对称的情况下,可用一个单相电度表测量三相电能。不管三相负载是否对称都可使用三个单相电度表法和一个三相电度表测量。

习　题

4-1.电力系统由(　　　　)(　　　　)(　　　　)三部分组成。

4-2.根据用户负荷的重要程度,可把用户分为(　　　)(　　　)(　　　)三个等级。

4-3.电工测量就是利用(　　　)对电路中各物理量,例如(　　　)(　　)(　　)(　　)等的大小进行实验测量。

4-4.根据电工测量仪表测量电量的种类不同,可分为直流仪表用符号(　　　)或字母(　　　)表示,交流仪表用符号(　　　)或字母(　　　)表示,交直流仪表用符号(　　　)表示。

4-5.电流表的电路符号(　　　),其中毫安表的电路符号(　　　),微安表的电路符号(　　　),其测量方法是将电流表(　　　)联于被测电流支路中;电压表的电路符号(　　　),其中千伏表的电路符号(　　　),其测量方法是将电压表(　　)联在电路中被测元件的两端;电功率表的电路符号(　　　),其中千瓦表的电路符号(　　　);电阻表的电路符号(　　　),其中兆欧表的电路符号(　　　);电度表的电路符号(　　　)。

4-6.电力系统各部分的作用是什么?

4-7.简述工厂供(配)电的基本要求及一般过程。

4-8.试说明安全用电的基本措施有哪些。

4-9.试说明保护接地和保护接零的原理与区别。

4-10.简述触电急救的意义和步骤。

4-11.电流表和电压表在测量时应如何正确接线?

4-12.万用表有什么用途,它通常可分为哪两大类?

4-13.兆欧表有什么用途,使用时应注意哪些事项?

第5章

变　压　器

　　变压器是利用电磁感应原理将某一等级的交流电压或交流电流变换成同一频率的另一等级的交流电压或交流电流的电气设备。从能的传输和转化角度来讲,传输和转化电能的方式有很多种。变压器按用途可分为两种:一种是电子技术变压器,主要应用在各种电器中实现电信号的传输;另一种是电力变压器,主要应用在电能传输、分配到电力电网中。按接入的交流电是三相还是单相,变压器还可分为三相变压器和单项变压器。

5.1　单相变压器

　　单相变压器是用来变换单相交流电压和电流的变压器,通常额定容量比较小。在电子线路、焊接、冶金、测量系统、控制系统,以及试验等方面,单相变压器的应用较为广泛。

5.1.1　基本结构及工作原理

1. 基本结构

单相变压器主要由铁芯和绕组两大部分组成。

(1) 铁芯

铁芯的基本结构形式有心式和壳式两种,如图 5-1 所示,其中,图 5-1(a) 为心式铁芯,图5-1(b) 为壳式铁芯,图 5-1(c) 为变压器的电路符号。铁芯构成变压器的磁路,并作为绕组的支撑骨架,它一般由导磁性能良好的硅钢片(厚 0.35 mm ~ 0.5 mm)叠制而成,且硅钢片彼此之间用绝缘胶绝缘,以减少涡流损耗。铁芯由铁芯柱和铁芯轭两部分构成,绕组装在铁芯柱上,铁轭的作用是使磁路闭合。

(2) 绕组

绕组指的是变压器的电路部分,由漆包线绕制而成。通常变压器绕组由两个独立的绕组构成。变压器中工作电压高的绕组称为高压绕组,工作电压低的绕组称为低压绕组。接电源一侧的绕组叫作一次绕组,接负载一侧的绕组叫作二次绕组。

国产变压器通常采用同心式绕组,即将一、二次绕组同心套在铁芯柱上,为了便于铁芯和绕组之间的绝缘,通常将低压绕组装在里面,高压绕组装在外面。

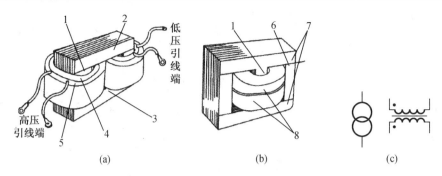

图 5 - 1　单相变压器的结构示意图

(a)心式铁芯;(b)壳式铁芯;(c)变压器的电路符号

1—铁芯柱;2—上铁轭;3—下铁轭;4—低压绕组;5—高压绕组;6—分支铁芯柱;7—铁轭;8—绕组

2. 工作原理

(1)空载运行及电压比

一次绕组接交流电源,二次绕组开路的运行方式称为空载运行,如图 5 - 2 所示。此时,一次绕组的电流 i_{01} 称为励磁电流,由于 i_{01} 是按正弦规律变化的,因此,由它在铁芯中产生的磁通量 Φ 也是按正弦规律变化的,在交变磁通量 Φ 的作用下,一、二次绕组中分别产生感应电动势 e_1、e_2。

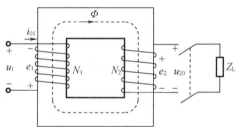

图 5 - 2　变压器空载运行图

设 $\Phi = \Phi_m \sin \omega t$,则可根据电磁感应定律计算出

$$E_1 = 4.44 f N_1 \Phi_m \tag{5-1}$$

$$E_2 = 4.44 f N_2 \Phi_m \tag{5-2}$$

由式(5 -1)和式(5 -2)可得

$$\frac{E_1}{E_2} = \frac{N_1}{N_2} \tag{5-3}$$

式中　N_1——一次绕组匝数;

　　　　N_2——二次绕组匝数;

　　　　E_1——一次绕组产生的感应电动势;

　　　　E_2——二次绕组产生的感应电动势。

由于 i_{01} 在空载时很小(仅占一次绕组额定电流的 3% ~8%),故可忽略一次绕组的阻抗,则电源电压 U_1 与 E_1 近似相等,即

$$E_1 \approx U_1$$

由于二次绕组开路,空载端电压为

$$U_{20} = E_2$$

因此,有

$$\frac{U_1}{U_{20}} \approx \frac{E_1}{E_2} = \frac{N_1}{N_2} = K \qquad (5-4)$$

式中 K——电压比,它是变压器的一个重要参数。

式(5-4)表明,变压器具有变换电压的作用,且电压大小与其匝数成正比。因此,匝数多的绕组电压高,匝数少的绕组电压低。当 $K > 1$ 时,为降压变压器;当 $K < 1$ 时,为升压变压器。

(2)负载运行及电流比

一次绕组接交流电源,二次绕组接负载的运行方式称为负载运行,如图 5-3 所示。此时,二次绕组中有电流 i_2,一次绕组中的电流也由 i_{01} 增加到 i_1,但铁芯中的磁通 Φ 和空载时相比基本保持不变,若不计一、二次绕组的阻抗,仍有

$$U_1 \approx E_1 = 4.44 f N_1 \Phi_{\mathrm{m}}$$

$$U_2 \approx E_2 = 4.44 f N_2 \Phi_{\mathrm{m}}$$

$$\frac{U_1}{U_2} \approx \frac{E_1}{E_2} = \frac{N_1}{N_2} = K \qquad (5-5)$$

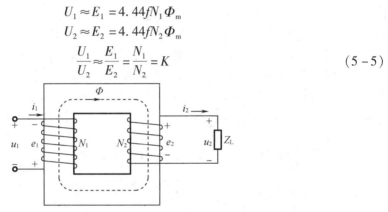

图 5-3 变压器负载运行图

变压器是一种传送电能的设备,在传送电能的过程中绕组及铁芯中的损耗很小,励磁电流也很小,理想情况下可以认为一次侧视在功率与二次侧视在功率相等,即

$$P_1 = P_1$$

$$U_1 I_1 = U_2 I_2$$

因此,有

$$\frac{I_1}{I_2} = \frac{U_2}{U_1} = \frac{N_2}{N_1} = \frac{1}{K} \qquad (5-6)$$

式(5-6)表明,变压器具有变换电流的作用,电流的大小与其匝数成反比。故匝数多的绕组电流小,绕组可用细导线绕制;匝数少的绕组电流大,绕组可用粗导线绕制。

(3)阻抗变换

当变压器处于负载运行时,从一次侧绕组看进去的阻抗为 $|Z_1| = \dfrac{U_1}{I_1}$,而负载阻抗为 $|Z_L| = \dfrac{U_2}{I_2}$,故有

$$|Z_1| = \frac{U_1}{I_1} = \frac{K U_2}{\dfrac{I_2}{K}} = K^2 \frac{U_2}{I_2} = K^2 |Z_L|$$

即有

$$|Z_1| = K^2 |Z_L| \tag{5-7}$$

式(5-7)说明,对交流电源来讲,通过变压器接入阻抗为 $K^2|Z_L|$ 的负载,相当于在交流电源上直接接入阻抗为 $K^2|Z_L|$ 的负载,如图5-4所示。

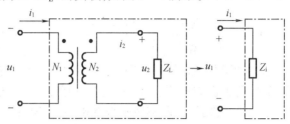

图5-4 变压器的阻抗变换图

在电子技术中,经常要用到变压器的阻抗变换,以达到阻抗匹配。例如,在晶体管收音机电路中,作为负载的扬声器电阻 R_L,一般不等于晶体管收音机二端网络的等效内阻 R_0,这就需要在晶体管收音机二端网络和扬声器之间接入一输出变压器,利用变压器进行等效变换,满足 $R_0 = R_i = K^2 R_L$,以达到阻抗匹配,此时扬声器才能获得最大功率。

【例5-1】 有一单相变压器,当一次绕组接在220 V的交流电源上时,测得二次绕组的端电压为22 V,若该变压器一次绕组的匝数为2 000匝,试求其电压比和二次绕组的匝数。

解 已知 $U_1 = 220$ V,$U_2 = 22$ V,$N_1 = 2\,000$ 匝,由

$$K = \frac{U_1}{U_2} = \frac{220}{22} = 10$$

又有

$$K = \frac{N_1}{N_2}$$

因此

$$K = \frac{N_1}{N_2} = 10 = \frac{2\,000}{N_2}$$

故

$$N_2 = 200$$

【例5-2】 某晶体管收音机输出变压器的一次绕组匝数 $N_1 = 200$ 匝,二次绕组匝数 $N_2 = 20$ 匝,原来配有阻抗为8 Ω的扬声器,现在要改接为4 Ω的扬声器,试问输出变压器二次绕组的匝数应如何变动(一次绕组匝数不变)。

解 设输出变压器二次绕组变动后的匝数为 N_2'。

当阻抗 $R_L = 8$ Ω 时,相当于从一次侧绕组看接负载阻抗为 $R_i = K^2 R_L = 8$ Ω,即

$$R_i = K^2 R_L = \left(\frac{N_1}{N_2}\right)^2 R_L = \left(\frac{200}{20}\right)^2 \times 8 = 800 \ \Omega$$

当负载接阻抗 $R_L = 4$ Ω 时,在一次绕组匝数不变的情况下,若要保持从一次侧绕组看,接负载阻抗仍为800 Ω,即 $R' = R_i = 800$ Ω。

由 $R_i = K^2 R_L = \left(\dfrac{N_1}{N_2'}\right)^2 R_L = \left(\dfrac{200}{N_2'}\right)^2 \times 4 = 800 \ \Omega, \left(\dfrac{200}{N_2'}\right)^2 \times 4 = 800 \ \Omega$,得 $N_2' = 200$ 匝。

若求得的匝数为小数,则取最大整数匝。

5.1.2 单相变压器的使用

1. 额定值

(1)额定电压 U_{1N} 是指根据变压器的绝缘强度(绕组)和允许发热条件(绕组和硅钢片)而规定的一次绕组的正常工作电压;额定电压 U_{2N} 是指在一次绕组加额定电压时,二次绕组的开路电压。

(2)额定电流 I_{1N} 和 I_{2N} 分别指根据变压器的允许发热条件而规定的一、二次绕组长期工作允许通过的最大电流值。

(3)额定容量是指变压器在额定工作状态下,二次绕组的视在功率。忽略损耗时(理想变压器),额定容量为

$$S_N = U_{1N}I_{1N} = U_{2N}I_{2N} \tag{5-8}$$

额定容量 S_N 的单位为 V・A。

2. 单相变压器的同名端及其判断

有些单相变压器具有两个相同的一次绕组和几个二次绕组,这样可以适应不同的电源电压和提供几个不同的输出电压。在使用这种变压器时,若需要进行绕组间的连接,则首先应知道各绕组的同名端才能正确连接,否则可能会导致变压器损坏。

所谓同名端,是指在同一交变磁通的作用下,两个绕组上所产生的感应电压瞬时极性始终相同的端子,同名端又称同极性端,常以"*"或"·"标记。判断同名端可根据如下方法。

(1)已知两个绕组的绕向,假定两个绕组中电流 i_1、i_2 的流向,若它们产生的磁通方向一致,则两绕组的电流流入端(或流出端)即为同名端。

(2)无法辨明绕组的方向,此时可用实验的方法进行判别。如图 5 - 5 所示是用直流法测定绕组 A 与绕组 B 的同名端。在开关 S 迅速闭合的瞬间,若电压表指针正向偏转,则 1、3 端为同名端,否则为异名端。

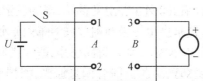

图 5 - 5 直流法测定绕组与绕组的同名端图

3. 运行特性

(1)外特性

变压器的外特性是指一次侧电源电压和负载的功率因数均为常数时,二次侧输出电压 U_{20} 与负载电流 I_2 之间的变化关系,即 $U_{20} = f(I_2)$。如图 5 - 6 所示为变压器的外特性曲线,它表明输出电压随负载电流的变化而变化。当为纯电阻负载时,端电压下降较少;当为感性负载时,下降较多;当为容性负载时,有可能上翘。

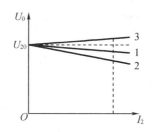

图5-6 变压器的外特性曲线

1—纯电阻负载;2—感性负载;3—容性负载

工程上,常用电压变化率 $\Delta U\%$ 反映变压器二次侧端电压随负载变化的情况,即

$$\Delta U\% = \frac{U_{20} - U_2}{U_{2N}} \times 100\% = \frac{U_{2N} - U_2}{U_{2N}} \times 100\% \qquad (5-9)$$

电压变化率反映了变压器带负载运行时性能的好坏,是变压器的一个重要性能指标,一般控制在3% ~6%左右。为了保证供电质量,通常需要根据负载的不同进行调压。

(2)效率特性

①损耗变压器在运行过程中会有一定的损耗,主要分为铜损耗和铁损耗。变压器绕组有一定的电阻,当电流通过绕组时会产生损耗,此损耗称为铜损耗,记作 P_{Cu};当交变的磁通通过变压器铁芯时会产生磁滞损耗和涡流损耗,合称为铁损耗,记作 P_{Fe}。

因此,总损耗为

$$\Delta P = P_{Cu} + P_{Fe} \qquad (5-10)$$

②效率变压器的输出功率 P_2 与输入功率 P_1 之比,称为效率,用 η 表示,即

$$\eta = \frac{P_2}{P_1} \times 100\% = \frac{P_2}{P_1 + \Delta P} = \frac{P_2}{P_1 + P_{Cu} + P_{Fe}} \times 100\% \qquad (5-11)$$

③效率特性是在一定的负载功率因数下,变压器的效率 η 与负载电流之间的变化关系,即 $\eta = f(I_2)$ 曲线称为效率特性曲线,如图5-7所示。它表明当负载电流较小时,效率随负载电流的增大而迅速上升,当负载电流达到一定值时,效率随负载电流的增大而下降,当铜损耗与铁损耗相等时,其效率最高。

在额定工作状态下,变压器的效率可达90%以上,且变压器容量越大,效率越高。

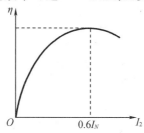

图5-7 变压器的效率特性曲线

5.2 三相变压器

在电力系统中大多采用三相制供电,因此电压的变换是通过三相变压器来实现的。

5.2.1 三相变压器的种类

三相变压器按照磁路的不同可分为两种:一种是三相变压器组,即由三台相同容量的单相变压器按照一定的方式连接起来的,如图 5-8 所示;另一种是三相心式变压器,即把三相绕组分别套在三个铁芯柱上,如图 5-9 所示。目前广泛使用的是三相心式变压器。由于三相变压器在电力系统中的主要作用是传输电能,因而它的容量比较大。为了改善散热条件,大、中容量电力变压器的铁芯和绕组要浸入盛满变压器油的封闭油箱中,而且为了使变压器安全、可靠地运行,还设有储油柜、安全气道和气体继电器等附件。因此,三相电力变压器的外形结构有两种,即椭圆形油箱结构和长方形波纹油箱结构,如图 5-10 所示。

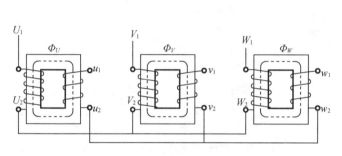

图 5-8 三相变压器组

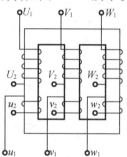

图 5-9 三相心式变压器

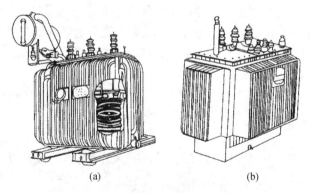

图 5-10 三相电力变压器的外形的结构

(a)椭圆形油箱结构;(b)长方形波纹油箱结构

5.2.2 电力变压器的铭牌及主要参数

电力变压器的外壳上都会有一块铭牌,用于标注型号和主要技术参数作为正确使用的依据,其格式如图 5-11 所示。

电力变压器				
产品型号 S7-500/10			标准代号 ××××	
额定容量 500 kV·A			产品代号 ××××	
额定频率 50 Hz			出厂序号 ××××	

相数　3相
联结组　Yyn0
阻抗电压　4%
冷却方式　油冷
使用条件　户外

开关位置	额定电压		额定电流	
	高压	低压	高压	低压
Ⅰ	10.5 kV		27.5 A	
Ⅱ	10 kV	400 V	28.9 A	721.7 A
Ⅲ	9 kV		30.4 A	

××变压器厂　　××年××月

图 5-11　电力变压器铭牌格式

1. 型号

电力变压器的型号及其释义如下：

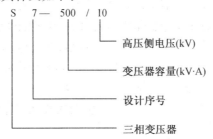

S　7—　500　/10

高压侧电压(kV)
变压器容量(kV·A)
设计序号
三相变压器

2. 额定电压 U_{1N} 和 U_{2N}

高压侧额定电压 U_{1N} 是根据变压器的绝缘强度和允许发热条件而规定的一次绕组的正常工作电压值。高压侧标出三个电压值，可根据高压侧供电电压情况加以选择。

低压侧额定电压 U_{2N} 是指变压器空载时，高压侧加额定电压后，低压侧的端电压。

3. 额定电流 I_{1N} 和 I_{2N}

额定电流 I_{1N} 和 I_{2N} 是根据变压器的允许发热条件而规定的允许绕组长时间工作通过的最大电流值。在三相变压器中，额定电流均指线电流。

4. 额定容量 S_N

额定容量 S_N 是指变压器在额定工作状态下，二次绕组的视在功率，常以 kV·A 为单位。

单相变压器的额定容量为 $S_N = \dfrac{U_{2N}I_{2N}}{1\,000}$（电压单位为伏特 V，电流单位为安培 A）；三相变压器的额定容量为 $S_N = \dfrac{\sqrt{3}\,U_{2N}I_{2N}}{1\,000}$（电压单位为伏特 V，电流单位为安培 A）。

5. 联结组标号含义

变压器的联结组别的表示方法是：大写字母表示一次侧（或原边）的接线方式，小写字母表示二次侧（或副边）的接线方式。Y（或 y）为星形接线，D（或 d）为三角形接线。数字采

用时钟表示法,用来表示一、二次侧线电压的相位关系。下面具体说明如下:

Y——表示一次侧三相绕组的连接方式为星形连接,Y 后不带 n 表示不带中性线,带 n 表示有中性线;

D——表示一次侧三相绕组的连接方式为三角形连接;

y——表示二次侧三相绕组的连接方式为星形连接;

n——表示二次侧为星形联结带中性线;

0——表示一、二次绕组线电压的相位差为数字 0(0 ~ 11 共 12 个数码)。

对三相双绕组电力变压器的联结组标号只有 Yyn0、Yd11、Ynd11、Yny0 和 Yy0 五种。

Yyn0 组别的三相电力变压器用于三相四线制配电系统中,供电给动力和照明的混合负载。

6. 额定频率

我国规定额定工频为 50 Hz,还有一些其他参数,这里不再详述。

5.2.3 三相变压器的用途

三相变压器主要用于输电和配电系统中作为电力变压器使用,包括升压变压器、降压变压器和配电变压器。由交流电功率公式 $P = \sqrt{3}\,UI\cos\varphi$ 可知,当输送电功率 P 和负载的功率因数 $\cos\varphi$ 一定时,电压 U 越高,输电线路的电流 I 越小。因而可以通过减小输电线的截面积来节约输电线材料,同时还可以减小输电线路的损耗,达到减小投资和运行费用的目的。

目前,我国交流输电的电压有 110 kV、220 kV、330 kV 及 500 kV 等。由于发电动机本身结构及所用绝缘材料的限制,不能直接产生如此高的电压,因此发电动机的电能在输入电网前必须通过升压变压器升压。当电能输送到用电区后,各类用电器所需电压不一,而且相对较低,一般为 220 V、380 V 等,为了保障用电安全,又必须通过降压变压器把输电线路的高电压降为配电系统的配电电压,再经过降压变压器降为用户所使用的电压。另外,变压器也广泛应用于测量、控制等诸多领域。

5.3　自耦变压器

前面叙述的普通双绕组变压器,其一次绕组和二次绕组是截然分开的,即只有磁耦合,没有电的直接联系。如果把一次绕组和二次绕组合二为一,如图 5 - 12 所示,只有一个绕组的变压器,这种变压器称为自耦变压器,其特点是一、二次绕组共用部分绕组。因此,一、二次绕组之间不仅有磁耦合,而且还有电的直接联系。

自耦变压器的原理与普通变压器一样,由于穿过一、二次绕组的磁通相同,故有

$$\frac{U_1}{U_2} \approx \frac{N_1}{N_2} = K$$

$$\frac{I_1}{I_2} \approx \frac{N_2}{N_1} = \frac{1}{K}$$

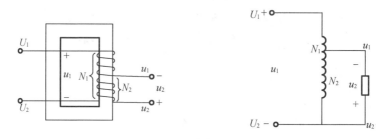

图 5 – 12　自耦变压器工作原理

　　自耦变压器既可以做成单相的,也可以做成三相的。如图 5 – 13 所示为三相自耦变压器结构示意图和原理图,它常用作对三相异步电动机进行减压起动。如图 5 – 14 所示为单相自耦变压器。

　　自耦变压器的优点是结构简单,节省用铜量,而且效率较高,自耦变压器的电压比一般不超过 2,电压比越小,其优点越明显。

　　自耦变压器的缺点是一次电路与二次电路有直接的电的联系,高压侧的电气故障会波及低压侧,故高、低压侧应采用同一绝缘等级。

　　低压小容量的自耦变压器,其触头常做成滑动触头,构成输出电压可调的自耦调压器。

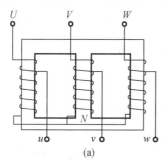
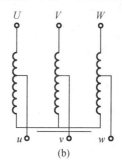

(a)　　　　　　　　　　　　　　　　(b)

图 5 – 13　三相自耦变压器

(a)结构示意图;(b)原理图

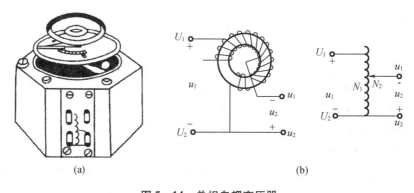

(a)　　　　　　　　　　　　　　　　(b)

图 5 – 14　单相自耦变压器

(a)结构示意图;(b)原理图

　　由于自耦变压器一、二次绕组有电的联系,因此,安全操作规程中规定,自耦变压器不能作为安全变压器使用,若线路接错,就会发生触电事故。因此,规定安全变压器必须采用一、二次绕组相互分开的双绕组变压器。

本 章 小 结

1. 单相变压器的组成结构、分类、工作原理及其应用。

$$\frac{U_1}{U_{20}} \approx \frac{E_1}{E_2} = \frac{N_1}{N_{20}} = K(\text{变电压比})$$

$$\frac{I_1}{I_2} \approx \frac{U_2}{U_1} = \frac{N_2}{N_1} = \frac{1}{K}(\text{变电流比})$$

$$|Z_1| = K^2 |Z_L|(\text{变电阻})$$

2. 三相变压器的组成、分类、工作原理及其应用,三相变压器铭牌及主要参数。

三相变压器的组成:三相变压器组和三相心式变压器。

三相变压器的用途:主要用于输电和配电系统中作为电力变压器使用,包括升压变压器、降压变压器和配电变压器。

电力变压器的铭牌的含义,主要参数、额定值。

3. 自耦变压器的组成及工作原理,与普通双绕组变压器相比的优缺点。

优点:结构简单,节省用铜量,而且效率较高。

缺点:一次电路与二次电路有直接的电的联系,高压侧的电气故障会波及低压侧,故高、低压侧应采用同一绝缘等级。

由于自耦变压器一、二次绕组有电的联系,自耦变压器不能作为安全变压器使用,安全变压器必须采用一、二次绕组相互分开的双绕组变压器。

习　　题

5-1　变压器由(　　)和(　　)构成,它是利用电磁感应定律来实现(　　)传递的。

5-2　单相变压器具有变换(　　)、变换(　　)及变换(　　)的作用。

5-3　同名端是指在同一交变磁通的作用下,两个绕组上所产生的感应电压(　　)始终(　　)的端子。

5-4　变压器的损耗包括(　　)和(　　)。

5-5　一单相变压器上标明220 V/36 V,300 V·A,试问下列哪一种规格的电灯能接在此变压器的二次电路中使用?

(1)36 V　500 W　　(2)36 V　60 W　　(3)12 V　60 W　　(4)12 V　500 W

5-6　单相变压器的额定容量是(　　)

(1)U　　　　　　(2)I　　　　　　(3)P

5-7　变压器是传递(　　)电能的。

(1)直流　　　　(2)交流　　　　(3)直流和交流

5-8 在三相变压器中,额定电压指( )。

(1)线电压 (2)相电压 (3)瞬时电压

5-9 自耦变压器的一、二次绕组有( )。

(1)磁耦合 (2)电耦合 (3)磁耦合和电耦合

5-10 为什么变压器的铁芯要用硅钢片叠成,能否用整块的铁芯?

5-11 如果把一台变压器的绕组接到额定电压的直流电源上,试问:

(1)能否变压?

(2)会产生什么样的后果?

5-12 额定电压为220 V/36 V的单相变压器,如果不慎将低压端误接到220 V的交流电源上,会产生什么样的后果?

第6章

电动机及其应用

6.1　电动机的种类和主要用途

电动机是实现电能与机械能互相转换的设备,它是发电动机和电动机的总称。发电动机可把机械能转换成电能,电动机则把电能转换成机械能。

按电流分,电动机可分为直流电动机和交流电动机两大类。交流电动机又可分为同步电动机和异步电动机。由于异步电动机的结构简单、价格便宜、运行可靠、维护方便,因此,在生产中应用最广泛。

异步电动机可分为三相异步电动机和单相异步电动机两类。三相异步电动机被广泛用来驱动各种机床、起重机、传送带、水泵、通风机等;单相异步电动机的容量较小,性能较差,多应用于小型电动工具和生活用电设备中。

根据转子结构不同,异步电动机还可分为绕线式和鼠笼式两种。各种类型异步电动机的作用原理是相同的,均是利用旋转磁场和转子载流导体间的相互作用来工作的。正常工作时,转子的转速与旋转磁场的转速必须有一定的转速差,故称为异步电动机。

6.2　三相异步电动机的结构和工作原理

6.2.1　三相异步电动机的结构

三相异步电动机的主要部件如图6-1所示,其主要由定子(固定部分)和转子(旋转部分)两大部分组成。

1.定子

定子是电动机的不转动部分,它的作用是产生旋转磁场。定子由机座、定子铁芯、定子绕组组成。机座是电动机的支撑部分,由铸铁或铸钢制成;定子铁芯是磁路的一部分,为了减少铁芯的涡流损失,铁芯由互相绝缘的厚为0.5 mm的硅钢片压叠而成,铁芯内壁有槽,槽内安放定子绕组;定子绕组是三个彼此独立的三相绕组,六个首、末端分别引到机座接线盒的接线柱上,接线柱的布置如图6-2所示,定子绕组接成星形或三角形,可根据电动机的额定电压和电源电压来确定。

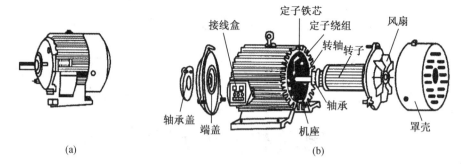

图 6-1　三项异步电动机结构示意图

(a)外形图;(b)内部结构图

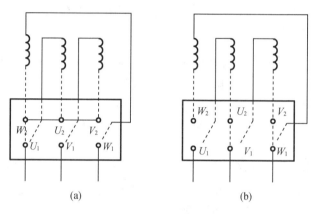

图 6-2　三相定子绕组的接法

(a)星形联结;(b)三角形联结

另外,定子部分还包括两端的端盖。端盖用螺栓固定在机座上,轴承固定在端盖上,转轴在轴承的支撑下旋转。

2. 转子

转子是电动机的转动部分,在旋转磁场的作用下获得转动力矩,以带动生产机械一同转动。根据结构的不同,转子也可分为鼠笼式和绕线式两种。转子由转轴、转子铁芯、转子绕组、风扇等组成。如图 6-3 所示为定子和转子铁芯的硅钢片。

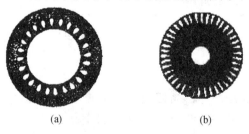

图 6-3　定子和转子铁芯的硅钢片

(a)定子铁芯的硅钢片;(b)转子铁芯的硅钢片

如图 6-4 所示是鼠笼式转子的绕组外形。它的绕组铜条压进铁芯的槽内,两端用端环连接,像一个圆筒形的鼠笼,如图 6-4(a)所示。一般中小型电动机用以铝代钢的铸铝转子,它把铝熔化浇铸在铁芯槽内,两端端环和风扇叶也一同铸出来,其外形如图 6-4(b)所示。鼠笼式异步电动机结构简单、工作可靠、维护方便,是应用最广的一种电动机。

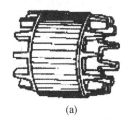 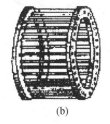

(a)　　　　　　　　　　　　　(b)

图 6-4　鼠笼式转子的绕组外形

(a)鼠笼式转子;(b)铸铝的鼠笼式转子

如图 6-5(a)所示为绕线式转子的外形。在转子铁芯槽内放置对称的三相转子绕组,三相绕组接成星形,末端接在一起,首端分别接至三个彼此绝缘的滑环上,滑环与转轴绝缘,并通过电刷与变阻器等电路相接,其等效电路如图 6-5(b)所示。这种转子能改善电动机的起动和调速性能。

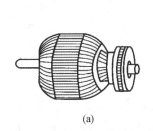 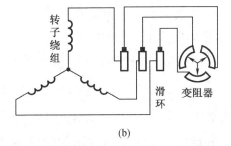

(a)　　　　　　　　　　　　　(b)

图 6-5　绕线式转子的外形

(a)转子;(b)等效电路

绕线式异步电动机由于结构复杂、价位较高,通常用于起动性能或调速要求较高的场合。鼠笼式电动机与绕线式电动机只是转子结构不同,它们的定子结构和工作原理是完全相同的。

6.2.2　三相异步电动机的工作原理

1. 转子的转动原理

如图 6-6(a)所示为一异步电动机的模型。在一个装有摇柄的马蹄形磁铁中,放着一个可自由转动的鼠笼转子,磁铁和转子间没有机械联系。当转动磁铁时,转子也随之做同方向转动。异步电动机的转动原理与上述情况相似,为了方便分析,现把该模型的剖面画出,如图 6-6(b)所示。

当磁极作顺时针方向旋转时,转子导体将切割磁力线而产生感应电动势。感应电动势的方向用右手螺旋定则确定。在感应电动势的作用下,转子导体中将通过感应电流(转子电路是闭合的),其方向如图6-6(b)所示。上边导体的电流从纸面流出,用符号⊙表示,下边导体的电流流进,用符号⊗表示。转子电流在磁场中受到电磁力 F 的作用,其方向可用左手定则确定,由电磁力而产生电磁转矩 M,在电磁转矩 M 的作用下,转子跟着磁场按顺时针方向转动起来。

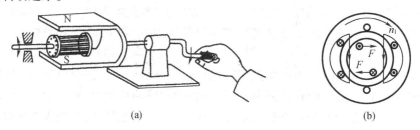

(a)   (b)

图6-6 异步电动机的转动原理图

(a)异步电动机的模型;(b)模型的剖面图

虽然转子的转动方向与旋转磁场的转动方向一致,但转子的转速 n 永远达不到旋转磁场的转速 n_1,即 $n < n_1$。这是因为,若转子的转速等于旋转磁场的转速,则转子与磁场间不存在相对运动,即转子绕组不切割磁力线,转子电流、电磁转矩都将为零,转子根本无法转动,因此,转子的转速总是低于同步转速。正是由于转子转速与同步转速间存在一定的差值,故将这种电动机称为异步电动机。又因为异步电动机是以电磁感应原理为工作基础的,所以异步电动机又称为感应电动机。

用转差率(S)来反映转子与旋转磁场转速的"异步"程度,有

$$S = \frac{n_1 - n}{n_1} \times 100\% \tag{6-1}$$

转差率是异步电动机的重要参数之一。在定子绕组接通电源的瞬间,转子转速 $n = 0$,此时 $S = 1$,转差率最大;稳定运行以后,电动机的转速 n 比较接近同步转速 n_1,此时 S 很小,通常额定转差率为1% ~ 8%;空载时,转子转速可以很接近同步转速,即 S_0。但 $S = 0$ 的情况在实际运行时是不存在的。

【例6-1】 已知一台电动机的磁场同步转速 $n_1 = 1\ 000$ r/min,转子额定转速为 $n = 975$ r/min,试求额定负载时的转差率。

解 由转差率的公式可得

$$S = \frac{n_1 - n}{n_1} \times 100\% = \frac{1\ 000 - 975}{1\ 000} \times 100\% = 2.5\%$$

2. 三相异步电动机的工作原理

(1)旋转磁场的产生

如图6-6所示中异步电动机的模型是依靠手动来使磁场旋转的,在工程上则是用多相交流电通入绕组来产生旋转磁场,下面分析绕组产生旋转磁场的情况。三相异步电动机定子绕组是空间对称的三相绕组,即 $U_1 - U_2$、$V_1 - V_2$ 和 $W_1 - W_2$ 空间位置相隔120°。若将它们作星形联结,将 U_2、V_2、W_2 连在一起,U_1、V_1、W_1 分别接三相对称电源的 U、V、W 三个端子,就有三相对称电流流入对应的定子绕组,如图6-7所示,即

$$I_U = I_M \sin \omega t$$

$$I_V = I_M \sin(\omega t - 120°)$$
$$I_W = I_M \sin(\omega t + 120°)$$

其波形图如图6-8所示。

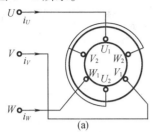 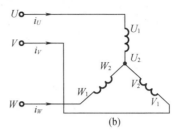

图6-7　三相定子绕组星形联结

(a)三相定子绕组接法;(b)等数电路

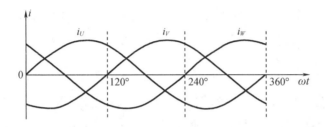

图6-8　三相对称电流流入对应的定子绕组波形图

由波形图可以看出,当$\omega t = 0$时,$i_U = 0$;i_V为负值,说明i_V的实际电流方向与参考方向相反,即从V_2流入(用$\otimes$表示),从V_1流出(用$\odot$表示);i_W为正值,说明实际电流方向与i_W的参考方向相同,即从W_1流入(用$\otimes$表示),从W_2流出(用$\odot$表示)。根据右手螺旋定则,可判断出转子铁芯中磁力线的方向是自上而下,相当于定子内部是N极在上,S极在下的一对磁极在工作,如图6-9(a)所示。

当$\omega t = 120°$时,i_U为正值,电流从U_1流入(用$\otimes$表示),从U_2流出(用$\odot$表示);$i_V = 0$;i_W为负值,电流从W_2流入(用$\otimes$表示),从W_1流出(用$\odot$表示)。合成磁场如图6-9(b)所示,从图中可以看出,合成磁场在空间上沿顺时针方向转过了120°。

当$\omega t = 240°$时,同理,合成磁场如图6-9(c)所示,从图中可以看出,它又沿顺时针方向转过了120°。

当$\omega t = 360°$时,磁场与$\omega t = 0$时刻相同,合成磁场沿顺时针方向又转过了120°,N、S磁极回到$\omega t = 0$时刻的位置,如图6-9(d)所示。

综上所述,当三相交流电变化一周时,合成磁场在空间上正好转过一周。若三相交流电不断变化,则产生的合成磁场在空间不断转动,形成旋转磁场。

前面讲的三相异步电动机定子绕组每相只有一个线圈,定子铁芯有6个槽,在定子铁芯内相当于有一对N、S磁极在旋转。若把定子铁芯的槽数增加为12个,即每相绕组由两个串联的线圈构成,相当于把图6-7中的空间360°分布6槽的三相绕组压缩在180°的空间中,显然每个线圈在空间中相隔不再是120°,而是60°。若在U_1、V_1、W_1三端通三相交流电,同理,在定子铁芯内可形成两对磁极的旋转磁场,如图6-10所示。

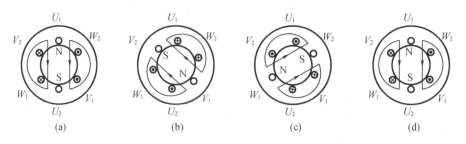

图 6 - 9　一对磁极的旋转磁场

(a) $\omega t = 0$; (b) $\omega t = 120°$; (c) $\omega t = 240°$; (d) $\omega t = 360°$

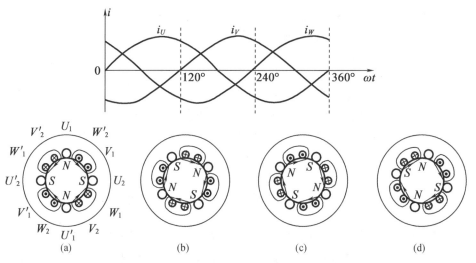

图 6 - 10　四极电动机的旋转磁场

(a) $\omega t = 0$; (b) $\omega t = 120°$; (c) $\omega t = 240°$; (d) $\omega t = 360°$

由图 6 - 10 可以看出, 在两对磁极的旋转磁场中, 电流每交变一周, 旋转磁场就在空间旋转半周。

（2）旋转磁场的转速和转向

一对磁极的旋转磁场, 电流每交变一次, 磁场就旋转一周。设电源的频率为 f_1, 电流每秒钟就变化 f_1 次, 磁场每秒钟转 f_1 圈, 则旋转磁场的转速为 $n_1 = f_1 (\mathrm{r/s})$, 习惯上用每分钟的转数来表示转速, 即 $n_1 = 60 f_1 (\mathrm{r/min})$。两对磁极的旋转磁场, 电流每变化一次为 f_1, 旋转磁场转 $f_1/2$ 圈, 即旋转磁场的转速为 $n_1 = 60 f_1/2 (\mathrm{r/min})$。

依此类推, p 对磁极的旋转磁场, 电流每交变一次, 磁场就在空间转过 $1/p$ 周, 因此转速应为

$$n_1 = \frac{60 f_1}{p} (\mathrm{r/min}) \tag{6 - 2}$$

旋转磁场的转速 n_1 也称为同步转速, 由式（6 - 2）可知, 它取决于电源频率和旋转磁场的磁极对数。我国电力系统的工频为 50 Hz, 因此, 同步转速与磁极对数的关系如表 6 - 1 所示。

表 6 - 1　同步转速与磁极对数对照表

磁极对数 p	1	2	3	4	5
同步转速	3 000	1 500	1 000	750	600

旋转磁场的转向是由通入定子绕组的三相电源的相序决定的。由图 6 - 7 可知,定子绕组中电流的相序按 $U—V—W$ 顺序排列,旋转磁场按顺时针方向旋转,如果将三相电源中的任意两相对调,如 V 和 W 两相互换,则定子绕组中的电流相序为 $U—W—V$,应用前面讲的分析方法,旋转磁场的方向也相应地改变为逆时针方向。

【例 6 - 2】　有一台三相异步电动机,额定转速 $n_N = 1\ 440$ r/min,电源频率 $f = 50$ Hz,试问此电动机的同步转速、磁极对数及额定转差率各是多少?

解　由于异步电动机在额定情况下运行时,转差率很小,转子的转速略低于旋转磁场的同步转速,因此,可推知该电动机的同步转速为 1 500 r/min,磁极对数 $p = 2$,额定转差率为

$$S_N = \frac{n_1 - n}{n_1} \times 100\% = \frac{1\ 500 - 1\ 440}{1\ 500} \times 100\% = 4\%$$

6.3　三相异步电动机的特性

6.3.1　转子电路各变量分析

由异步电动机的结构可知,异步电动机的定子和转子是两个相互独立的电路,它们之间没有电的直接联系,只有磁的联系。这与变压器非常相似,定子绕组相当于变压器的原边,转子绕组相当于变压器的副边。因此,电动机的运行情况可以用与变压器相似的方法进行分析。

1. 转子的感应电动势 E_2

当电动机起动时,转速 $n = 0$,转差率 $S = 1$。此时,转子不动,转子绕组相当于变压器的副边,其感应电动势为

$$E_{20} = 4.44 f_{20} K_2 N_2 \varphi = 4.44 f_1 K_2 N_2 \varphi \tag{6-3}$$

式(6 - 3)中,K_2 为转子绕组系数,与转子绕组结构有关,略小于 1;f_{20} 为起动时转子绕组的频率,与定子频率 f_1 相等。

当电动机起动并以转速 n 旋转时,旋转磁场与转子的转速差 $n_1 - n = Sn_1$ 不断减小,旋转磁场相对转子的旋转速度下降为原来的 $1/S$,此时的转子感应电频率比在转子静止的情况下慢,应为

$$F_2 = \frac{Spn_1}{60} Sf_1 \tag{6-4}$$

故转子感应电动势为

$$E_2 = 4.44 f_2 K_2 N_2 \varphi = 4.44 Sf_1 K_2 N_2 \varphi = SE_{20} \tag{6-5}$$

由于转差率小于 1,因此,转子感应电动势在起动时 E_{20} 值最大。电动机稳定运行以后,

转差率 S 很小,转子频率 f_2 很低,转子感应电动势 E_2 也就很低。

2. 转子电流 I_2

转子绕组的阻抗 $Z_2 = R_2 + jX_2$。其中,R_2 是转子绕组本身的电阻,固定不变;X_2 却和频率 f_2 有关,即

$$X_2 = 2\pi f_2 L_2 = 2\pi S f_1 L_2 = S X_{20} \qquad (6-6)$$

式中　L_2——转子绕组电感值;

　　　X_{20}——转子静止时的感抗。

转子电流为

$$I_2 = \frac{E_2}{\sqrt{R_2^2 + X_2^2}} = \frac{SR_2}{\sqrt{R_2^2 + (SX_{20})^2}} \qquad (6-7)$$

式(6-7)说明转子电流 I_2 与转差率 S 有关,转子电流 I_2 随转差率 S 的增大而增加。由于转子电路中有感抗存在,因此,电流 I_2 比感应电动势 E_2 滞后相位角 φ_2,转子电路的功率因数为

$$\cos \varphi_2 = \frac{R_2}{\sqrt{R_2^2 + X_2^2}} = \frac{R_2}{\sqrt{R_2^2 + (SX_{20})^2}} \qquad (6-8)$$

式(6-8)表明,$\cos \varphi_2$ 随 S 的增大而减小。当转子不动时,功率因数最低。

6.3.2　三相异步电动机的电磁转矩

电动机的电磁转矩是由转子感应电流与旋转磁场相互作用产生的,可以推导证明电磁转矩的大小与转子感应电流的有功分量和旋转磁场的每极磁通成正比,即

$$T = C_T \varphi I_2 \cos \varphi_2 \qquad (6-9)$$

式(6-9)中,C_T 为异步电动机的转矩系数,与电动机结构有关;φ 为旋转磁场的每极磁通,单位为 Wb;电流 I_2 的单位为 A;电磁转矩 T 的单位为 N·m。

旋转磁场的磁通 φ 为

$$\varphi = \frac{E_1}{4.44 K_1 N_1 f_1} \approx \frac{U_1}{4.44 K_1 N_1 f_1} \qquad (6-10)$$

转子电流 I_2 为

$$I_2 = \frac{SE_{20}}{\sqrt{R_2^2 + (SX_{20})^2}} = \frac{S(4.44 K_2 N_2 f_2 \varphi)}{\sqrt{R_2^2 + (SX_{20})^2}} \qquad (6-11)$$

将式(6-10)、式(6-11)及式(6-8)代入式(6-9),可得

$$T = CU_1^2 \frac{SR_2}{R_2^2 + (SX_{20})^2} \qquad (6-12)$$

式(6-12)中,C 是与电动机结构和电源频率有关的常数,转子每相的电阻和静止时的感抗通常也是常数。因此,当电源电压一定时,电磁转矩为转差率的函数,即 $T = f(S)$,其曲线称为异步电动机的转矩特性曲线,如图6-11所示。

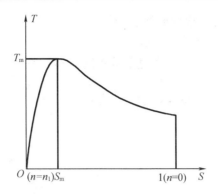

图 6 – 11　异步电动机的转矩特性曲线

由异步电动机的转矩特性曲线可以看出,当电动机起动时,$S = 1$,对应的电磁转矩为起动转矩。随着电动机的转速加大,转差率不断减小,电磁转矩不断上升,电磁转矩达到最大值后,随着转差率的减小,电磁转矩也减小。当转差率为零时,转速等于同步转速,电磁转矩等于零,这是一种理想情况。最大电磁转矩 T_m,又称为临界转矩,对应的转差率为临界转差率 S_m。

6.3.3　三相异步电动机的机械特性

为了更清楚地说明转子转速与电磁转矩之间的关系,一般用 $n = f(T)$ 曲线来描述三相异步电动机的机械特性,如图 6 – 12 所示,它直接反映了电磁转矩与转速之间的关系。其中 T_{ST} 为电动机的起动转矩,T_N 为额定转矩,n_N 为额定转速。

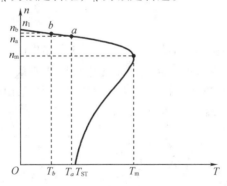

图 6 – 12　三相异步电动机的机械特性

1. 稳定区和不稳定区

由图 6 – 12 可知,以临界转差率 S_m 对应的临界转速 n_m 为界,曲线分为两个不同特征的区域,上边为稳定区,下边为不稳定区。

在稳定区 $n_m < n < n_1$,电磁转矩与电动机轴上的负载转矩保持平衡,因此,电动机匀速运行。若负载转矩发生变化,则电磁转矩自动调整,最后达到新的平衡状态,使电动机稳定运行。例如,如图 6 – 13 所示是一个自适应过程曲线图,设当负载转矩为 T_a 时,电动机稳定运行于 a 点,此时电磁转矩也等于 T_a,转速为 n_a;若负载转矩改变为 T_b,由于惯性,速度不能突变,负载改变后最初的电磁转矩仍为 T_a,由于 $T_a > T_b$,电动机加速,工作点上移,电磁转矩减小,直到过渡过程到达 b 点,电磁转矩等于 T_b ,转速不再上升,电动机便运行于 b 点,电动机在新的转速下开始稳定运行,完成一次自适应调节过程。同理,当负载转矩增大时,其过程相反,电动机也可以通过自适应过程达到新的稳定运行状态。

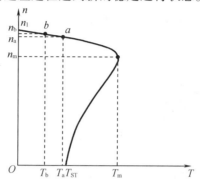

图 6 – 13　自适应过程曲线图

在不稳定区($0 < n < n_m$),恒转矩负载的电动机在任意点上均无法稳定运行,因为如果负载有所增加,电磁转矩会立即小于负载转矩,引起转速急剧下降,进一步使电磁转矩变小。转速进一步下降,会造成电动机停转(堵转)。如果负载有所减少,电动机会因电磁转矩大于负载转矩而升速,升速继续造成电磁转矩增大,进一步升速的结果会使电动机进入稳定工作区。

由图 6 – 13 可以看出,电动机在稳定区的转速随电磁转矩的变化较小,曲线较平稳。该段曲线越平稳,则负载变化对稳态转速的影响越小,这种机械特征称为硬特性。

2. 三个重要转矩

(1)额定转矩 T_N

额定转矩是指电动机在额定负载的情况下,其轴上输出的转矩。由于电动机稳定运行时,其电磁转矩等于负载转矩,因此,可以用额定电磁转矩来表示额定输出转矩。电动机的额定转矩可以通过电动机铭牌上的额定功率和额定转速求得,由

$$P_2 = T\omega$$

得

$$T_N = \frac{P_2 \times 10^3}{\frac{2\pi n_N}{60}} = 9\,550\,\frac{P_2}{n_N} \qquad (6-13)$$

式中　ω——电动机的角速度,单位为 rad/s;

　　　P_2——额定输出功率,单位为 kW;

　　　n_N 的单位为 r/min,T 的单位为 N·m。

为了保证电动机安全可靠,在运行时不轻易停车,应使电动机的带负载能力留有一定的裕量,因此,额定转矩一般只能为最大转矩的一半左右。

(2)最大转矩 T_m

最大转矩是指电动机所能提供的极限转矩,它是对应于临界转差率的临界转矩,可用数学方法求得。对式(6 – 12)求 S 的导数,令其等于零,即

$$\frac{\mathrm{d}T}{\mathrm{d}S} = \frac{\mathrm{d}}{\mathrm{d}S}\left[CU_1^2 \frac{SR_2}{R_2^2 + (SX_{20})^2} \right] = 0$$

则有

$$S_{\mathrm{m}} = \frac{R_2}{X_{\mathrm{m}}} \tag{6-14}$$

将式(6-14)代入式(6-12),可得

$$T_{\mathrm{m}} = C\frac{U_1^2}{2X_{20}} \tag{6-15}$$

前面提到,由于最大转矩是稳定区与不稳定区的分界点,因此电动机稳定运行时的工作点不能下滑超过此点,否则电动机将停转(堵转)。电动机堵转时的电流很大,一般可达额定电流的 4~7 倍,如此大的电流将造成电动机的温度升高。当超过允许值时,若不立即采取措施,就会烧毁电动机。因此,电动机在运行中应避免出现堵转情况,一旦出现应立即切断电源,并卸掉过多负载。

通常用最大转矩与额定转矩之比来描述电动机的过载情况,这个比值称为过载系数,用 λ 表示,即

$$\lambda = \frac{T_{\mathrm{M}}}{T_{\mathrm{N}}}$$

过载系数是衡量电动机短时过载能力和稳定运行的一个重要参数,通常为 1.8~2.2。

(3)起动转矩 T_{ST}

起动转矩是指电动机刚接通电源以后,电动机尚未转动起来,即转速为 0 时的电磁转矩。电动机的起动转矩是对应图 6-12 中 $n=0$ 时的转矩 T,即

$$T_{\mathrm{ST}} = C\frac{R_2 U_1^2}{R_2^2 + X_{20}} \tag{6-16}$$

由图 6-12 可以看出,当起动转矩大于额定转矩时,便决定了该电动机的起动能力。只要电动机的起动转矩大于负载转矩,电动机就可加速,沿机械特性曲线上升,越过最大转矩到达稳定运行区。显然,起动转矩越大,电动机的起动能力就越强,起动所需的时间也就越短。反之,若起动转矩小于负载转矩,则电动机不能起动。

起动能力也是选用电动机的一个重要参数。异步电动机的起动能力用起动转矩与额定转矩的比值来表示,即

$$起动能力 = \frac{T_{\mathrm{ST}}}{T_{\mathrm{N}}} \tag{6-17}$$

一般鼠笼式异步电动机的起动能力较差,通常为 0.8~2.2,因此有时采用轻载起动。绕线式异步电动机的转子可以通过滑环外接的电阻器来调节起动能力。

【例6-3】 已知两台异步电动机的额定功率都是 10 kW,但转速不同。其中 $n_{1\mathrm{N}} = 2\,930$ r/min, $n_{2\mathrm{N}} = 1\,450$ r/min,如果过载系数都是 2.2,试求它们的额定转矩和最大转矩。

解 根据式(6-13)可知第一台电动机的额定转矩为

$$T_{1\mathrm{N}} = 9\,550 \times \frac{10}{2\,930} = 32.6 \text{ N} \cdot \text{m}$$

最大转矩为

$$T_{1\mathrm{m}} = 2.2 \times 32.66 = 71.9 \text{ N} \cdot \text{m}$$

第二台电动机的额定转矩为

$$T_{2N} = 9\,550 \times \frac{10}{1\,450} = 65.9 \text{ N} \cdot \text{m}$$

最大转矩为

$$T_{2m} = 2.2 \times 65.9 = 145 \text{ N} \cdot \text{m}$$

3. 电源电压对机械特性的影响

由式（6-15）和式（6-16）可以看出，最大转矩和起动转矩与电源电压的二次方成正比。因此，电源电压的波动对机械特性的影响极大，而临界转差率却与电源电压无关，即临界转速与电源电压也无关。因此，当电源电压升高时，T_m、T_{ST}增大，n_m不变，机械特性曲线右移，如图6-14所示。可见，电源电压增大时，机械特性曲线变硬。为了保证电动机安全运行，要求电源电压的波动不超过规定电压的5%。

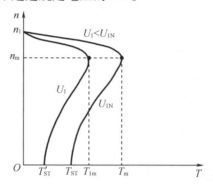

图6-14 电源电压对机械特性曲线的影响

4. 转子电阻对机械特性的影响

转子电阻的改变会影响电动机的临界转差率和起动转矩，而最大转矩与转子电阻无关，其中S_m与R_2成正比。因此，当R_2增大时，S_m也增大，n_m降低，T_m保持不变，机械特性曲线下移，如图6-15所示。可见，转子电阻增大时，机械特性曲线变软。当$R_2 = X_2$时，$S_m = 1$，这时起动转矩等于最大转矩，为最大值。利用转子电阻增大，起动转矩也增大的特性，可以在电动机起动时增加转子电阻，来提高起动转矩。绕线式异步电动机就是利用这一原理进行起动的。

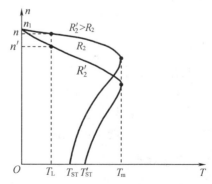

图6-15 转子电阻对机械特性曲线的影响

6.4　三相异步电动机的选择与使用

6.4.1　三相异步电动机的选择

异步电动机在生产中应用极广,因此,正确选用异步电动机是十分重要的。选用电动机应在满足生产要求的基础上,力求经济、安全与可靠,选择的主要内容包括以下几个方面。

1. 种类的选择

电动机种类的选择,应从生产工艺的具体要求来考虑,并且从技术和经济两方面进行比较后加以确定。通常的车间只有三相交流电源,如果没有特殊要求,一般都应采用交流电动机。异步电动机有鼠笼式和绕线式两种,鼠笼式异步电动机的优点明显多于绕线式异步电动机,因此一般选用鼠笼式三相异步电动机。

鼠笼式异步电动机具有结构简单、价格便宜、维修方便等优点,若采用传统的调速方法起动,调速性能较差,但可以用于没有特殊要求(调速要求不严)的场合,例如用在各种泵、通风机、普通机床等设备上。在采用变频器提供的变频电源供电之后,鼠笼式异步电动机目前已达到良好的无级调速性能的水平。

绕线式异步电动机的转子电路可以串联电阻来改善其起动转矩和起动电流,但由于它的调速范围仍然不大,因此,对一些要求起动转矩大且在一定范围内需要调速的生产机械(例如起重机),可以采用绕线式电动机,但绕线式电动机结构比鼠笼式电动机复杂且价格较贵,维修也比鼠笼式电动机复杂。

只有当这两种电动机不能满足生产机械的要求时,才选用其他种类的电动机。例如,对一些调速要求高的生产机械(数控机床、造纸机、电梯的开关门等),可以选用伺服电动机来拖动。

2. 电压和转速选择

电动机的电压等级应根据车间电源电压、电动机的类型,及其功率来决定。Y 系列电动机只有额定电压为 380 V 这一等级,大功率异步电动机常采用 3 kV 或 6 kV。

容量与电压相同的电动机,转速不一定相同。额定功率相同时,转速越高,转矩越小,它的体积也越小,质量越轻,价格越便宜,经济指标也就越高。转速越低的电动机,转矩越大,价格越贵。当选用电动机的转速时,应该考虑实际需要及财力情况。一般情况下,较多选用 1 500 r/min 的电动机。

3. 功率选择

电动机的功率是由生产机械所需的功率和工作方式来确定的。合理选择电动机的功率具有重要的经济利益。如果电动机的功率选得过大,虽然可以正常工作,但是设备投资增加,而且电动机经常不能满载运行,致使效率和功率因数均不高,造成资源浪费;如果电动机的功率选得过小,即小于设备所需的功率,电动机就会过载,长时间运行就会缩短电动机的寿命。因此,在选择电动机的功率时,应尽可能使电动机得到充分利用,以降低设备成本。电动机的额定功率应根据负载的情况合理选择。

负载情况包含两方面的内容:一是负载的大小,二是负载的工作方式。电动机的工作方式有连续、短时、断续三种。

(1)连续工作电动机的功率选择

在负载恒定、连续工作的情况下,电动机的额定功率应等于或稍大于负载功率,例如泵、通风机等。若选用的电动机额定功率小于负载功率,则电动机会出现过载现象。长时间过载,电动机的绝缘材料会因发热而影响电动机的寿命,甚至烧毁电动机。若选用电动机的额定功率过大,则电动机的输出功率得不到充分利用,输出效率降低。电动机的功率应按下式来选择

$$P_N \geqslant \frac{P_L}{\eta_1 \eta_2} \qquad (6-18)$$

式中　P_L——负载功率;

　　　η_1——生产机械的效率;

　　　η_2——电动机与生产机械之间的传动效率。

直接连接时,$\eta_2 = 1$;皮带连接时,$\eta_2 = 0.95$。

(2)短时工作电动机的功率选择

电动机按给定时间工作,工作时间短,停机时间长,例如水坝的闸门、机床的刀库等。为了充分利用电动机的容量,允许电动机短时过载,电动机的功率可以小于负载功率,但必须考虑电动机的过载能力。我国规定的短时工作电动机的标准时间有 10 min、30 min、60 min 和 90 min 四种。有专门的短时工作制的电动机,其额定功率和标准时间相对应。这种工作方式下的额定功率可用下式计算

$$P_N \geqslant \frac{P_L}{\lambda \eta_1 \eta_2} \qquad (6-19)$$

(3)断续工作电动机的功率选择

断续工作方式是指电动机重复短时工作,工作时间与停歇时间交替出现。我国规定的标准断续工作电动机的周期 T 为 10 min,其中包括工作时间 t_1 和停歇时间 t_2。工作时间与工作周期的比值称为持续率,即

$$\varepsilon = \frac{t_1}{T} \times 100\%$$

标准持续率有 15%、25%、40% 和 60%,如无特殊说明,则为 25%。选择这类电动机的额定功率时,应该考虑电动机的负载持续率。专用于断续工作方式的异步电动机有 YZ 和 YZR 两个系列。

6.4.2　三相异步电动机的使用

要正确使用电动机,必须先了解电动机的铭牌数据及操作程序。

1.铭牌数据

每台异步电动机的外壳上都有一块铭牌,上面标示着这台电动机的主要技术数据,以便使用者正确选用和维护电动机。如图 6-16 所示为某台异步电动机的铭牌数据。

三相异步电动机			
型号	Y100L1-4	接法	△/Y
功率	2.2 kW	工作方式	S₁
电压	220/380 V	绝缘等级	B
电流	8.6/5 A	温升	70 ℃
转速	1430 r/min	质量	34 kg
频率	50 Hz	编号	
		×× 电机厂 出厂日期	

图 6－16　某台异步电动机的铭牌数据

（1）型号

型号表示电动机的结构形式、机座号和极数等。例如，Y100L1－4 中，Y 表示鼠笼式异步电动机（YR 表示绕线式异步电动机），100 表示机座中心高为 100 mm，L 表示长机座（S 表示短机座、M 表示中机座），1 为铁芯长度代号，4 表示 4 极电动机。

（2）额定电压 U_N

额定电压是电动机定子绕组应加线电压的额定值，有些异步电动机铭牌上标有 220/380 V，相应的接法为 △/Y，说明当电源线电压为 220 V 时，电动机定子绕组应接成 △ 形；当电源线电压为 380 V 时，应接成 Y 形。

（3）额定电流 I_N

额定电流是指电动机在额定电压下运行时，定子绕组的线电流。

（4）额定转速 n_N

额定转速是指电动机额定电压下运行时的转速。

（5）额定频率 f_N

额定频率是指电动机在额定电压下运行时的交流电源的频率。

（6）工作方式

工作方式是指电动机的运行状态。根据发热条件可分为三种：S_1 表示连续工作方式，允许电动机在额定负载下连续长期运行；S_2 表示短时工作方式，在额定负载下只能在规定时间短时运行；S_3 表示断续工作方式，可在额定负载下按规定周期性重复短时运行。

（7）绝缘等级

绝缘等级是由电动机所用的绝缘材料决定的。根据耐热程度不同，可将电动机的绝缘等级分为 A、E、B、F、H、C 等几个等级，它们最高允许温度如表 6－2 所示。

表 6－2　电动机的绝缘等级

绝缘等级	A	E	B	F	H	C
最高允许温度/℃	105	120	130	155	180	>1

（8）温升

温升是指在规定的环境温度下，电动机各部分允许超出的最高温度。通常规定的环境温度是 40 ℃，如果电动机铭牌上的温升为 70 ℃，则允许电动机的最高温度可以是 40 ℃ +

70 ℃ =110 ℃。显然,电动机的温升取决于电动机的绝缘材料的等级。电动机在工作时,所有的损耗都会使电动机发热,温度上升。在正常的额定负载范围内,电动机的温度不会超出允许温升,绝缘材料可保证电动机在一定期限内可靠工作。如果超载,尤其是故障运行,导致电动机的温升超过允许值,电动机的寿命将受到很大的影响。

2. 异步电动机起动的主要问题

异步电动机接通电源,使电动机的转子从静止状态到转子以一定速度稳定运行的过程称为电动机的起动过程。电动机在实际使用时,因为要经常起动和停车,所以电动机的起动问题是一个非常重要的问题。

(1)起动电流 I_{ST}

在刚起动的瞬间,$n=0$,旋转磁场以最大的相对转速切割转子导体,这时转子绕组的感应电动势和转子电流都很大,与变压器的原理一样,定子的电流也很大,这时定子绕组的线电流称为起动电流,用 I_{ST} 表示。起动电流与额定电流之比一般为 5~7。

起动电流大,对频繁起动的电动机本身影响比较大,由于起动时间较短(1~3 s),发热量不大,但对频繁起动的电动机本身则会由于热量积累而引起过热,因此,电动机应尽量减少起动次数。但是,起动电流大会在输电线路上产生过大的电压降,造成由同一输电线路供电的邻近的电动机转速变低,电流增大,转矩减小。当最大转矩降低到小于负载转矩时,还会使电动机"闷车"而停转,因此,起动电流大是电动机起动的主要缺点。

(2)起动转矩 M_{ST}

电动机起动时,I_{ST} 虽然大,但是转子电量频率高,转子感抗大,功率因数低,因而起动转矩 M_{ST} 并不大,一般为额定转矩的 1.0~2.4 倍。异步电动机的起动转矩如果小于额定转矩,则不能满载(带额定负载)起动;如果起动转矩足够大,不但能使电动机在重载下起动,还能缩短起动时间,但如果起动转矩过大,又会使电动机构受到冲击,容易损坏。

由上述可知,异步电动机起动时首先要解决的主要问题是减少起动电流,其次是调整起动转矩,为此需采用适当的起动方法。

3. 异步电动机起动的方法

(1)直接起动

直接起动又称为全压起动,起动时将电动机的额定电压通过刀开关或接触器直接接到电动机的定子绕组上进行起动。直接起动最简单,不需要附加起动设备,起动时间短。若电网容量允许,应尽量采用直接起动,但这种起动方法起动电流大,一般只允许小功率的异步电动机($P_N \leq 7.5$ kW)进行直接起动,对于大功率的异步电动机的起动,应采取降压起动,以限制起动电流。

(2)降压起动

通过起动设备将电动机的额定电压降低后加到电动机的定子绕组上,以限制电动机的起动电流,待电动机的转速上升到稳定值时,再使定子绕组承受全压,从而使电动机在额定电压下稳定运行,这种起动方法称为降压起动。

由于起动转矩与电源电压的二次方成正比,因此,当定子端电压下降时,起动转矩大大减小。这说明降压起动适用于起动转矩要求不高的场合,如果电动机必须采用降压起动,则应轻载或空载起动。常用的降压起动方法有下面三种。

①Y－Δ降压起动

这种起动方法适用于电动机正常运行时接法为三角形的异步电动机。电动机起动时，定子绕组接成星形，起动完毕后，电动机切换为三角形。

如图 6－17 所示是一个 Y－Δ降压起动控制线路，起动时电源开关 QS 闭合，控制电路先使得 KM_2 闭合，电动机星形起动，定子绕组由于采用了星形接法，其每相绕组上承受的电压比正常接法时下降了 $\dfrac{1}{\sqrt{3}}$。当电动机转速上升到稳定值时，控制电路再控制 KM_1 闭合，于是定子绕组换成三角形接法，电动机开始稳定运行。

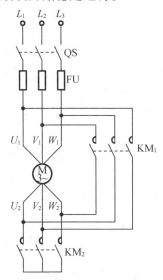

图 6－17　Y－Δ降压起动控制线路

定子绕组每相阻抗为 $|Z|$，电源电压为 U_1，则采用三角形联结直接起动时的线电流为

$$I_{ST\Delta} = I_{1\Delta} = \sqrt{3}\, I_{P\Delta} = \sqrt{3}\,\frac{U_1}{|Z|}$$

采用星形联结降压起动时，每相绕组的线电流为

$$I_{STY} = I_{1Y} = I_{PY} = \frac{U_{PY}}{|Z|} = \frac{1}{\sqrt{3}}\,\frac{U_1}{|Z|}$$

$$\frac{I_{STY}}{I_{ST\Delta}} = \frac{\dfrac{1}{\sqrt{3}}\dfrac{U_1}{|Z|}}{\sqrt{3}\dfrac{U_1}{|Z|}} = \frac{1}{3} \tag{6－20}$$

由式（6－20）可以看出，采用星形联结降压起动时，起动电流比三角形联结直接起动时下降了 1/3。

电磁转矩与电源电压的二次方成正比，由于电源电压下降了 $1/\sqrt{3}$，因此，起动转矩也就减小了 1/3。

以上分析表明，Y－Δ降压起动方式起动电流减小，起动转矩也下降，因此，这种起动方法是以牺牲起动转矩来减小起动电流的，只适用于轻载或空载起动的场合。

②自耦变压器降压起动

这种降压起动方法是指当电动机起动时,定子绕组接三相自耦变压器的低压输出端,起动完毕后,切除自耦变压器并将定子绕组直接接三相交流电源,使电动机在额定电压下稳定运行。

自耦变压器的原边接电源电压,副边接接触器 KM_1。起动时,电源开关闭合,先通过控制电路使得 KM_1 闭合,接通自耦变压器的副边,则定子绕组所加电压低于额定电压,电动机开始起动。当电动机的转速上升到一定速度时,KM_1 断开,KM_2 闭合,切除自耦变压器,电动机开始稳定运行。

自耦降压起动时,定子绕组所加电压下降为额定电压的 $1/K$(K 为自耦变压器的变比),起动电流也下降了 $1/K$,起动转矩则下降为直接起动时的 $1/K^2$。

自耦变压器体积大,而且成本高,因此,这种起动方法适用于容量较大或正常运行的绕组接法为 Y 形,而不能采用 Y – Δ 方法起动的三相异步电动机。

起动用的自耦变压器又叫作起动补偿器,通常每相有三个抽头供用户选择不同等级的输出电压,分别为原输出电压的 55%、64% 和 73%,可以根据实际要求进行选择。

③转子串电阻降压起动

分析转子电阻 R_2 对机械特性的影响,转子电阻增大不仅可以减小转子电流,从而减小定子电流(起动电流),而且还可以提高电磁转矩(起动转矩),显然这种起动方式可以满足起动的两方面要求,适合广泛使用。由于鼠笼式异步电动机的转子电阻是不能改变的,因此,鼠笼式电动机不能采用此种起动方法。由于绕线式异步电动机的转子从各相滑环处可外接变阻器,可以方便地改变转子电阻来改善电动机的起动性能,因此,绕线式电动机都采用此种起动方法。

如图 6 – 18 所示为转子串联电阻的起动电路图,起动时将变阻器调到最大,电源开关闭合,转子串联电阻开始运行。随着转速的上升,不断减小转子电阻,当转速稳定时,短接转子电阻,使电动机正常运行。

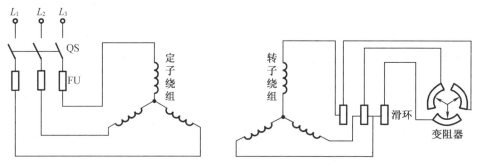

图 6 – 18　转子串联电阻的起动电路图

绕线式电动机还可以采用转子串联频敏变阻器进行起动,这种起动方式不需要切除频敏变阻器,因为频敏变阻器本身具有阻值随转子频率变化的特性。起动时,由于转子感应电流的频率最高,因此频敏变阻器的电阻最高;随转速上升,转子频率下降,频敏变阻器的阻值也下降;电动机正常运行时,转子频率非常低,故频敏变阻器阻值非常小,不会影响电动机的正常运行。

【例 6 – 4】　一台三角形联结的三相异步电动机,其额定数据如表 6 – 3 所示。试求:

（1）额定转差率；

（2）额定电流；

（3）额定转矩；

（4）最大转矩。

表 6 - 3　额定数据表

功率	电压	转　速	效率	功率因数	φ	U	I
40 kW	380 V	1 470 r/min	90%	0.9	6.5	1.2	2.0

解　（1）由题意可知同步转速 $N_0 = 1\ 500$ r/min，故

$$S_N = \frac{N_0 - N}{N_0} = \frac{1\ 500 - 1\ 470}{1\ 500} = 0.02$$

（2）额定电流 I_N 为

$$I_N = \frac{P_{2N}}{\sqrt{3}\,U_N \cos\varphi_N \eta_N} = \frac{40 \times 10^3}{\sqrt{3} \times 380 \times 0.9 \times 0.9} = 76\ \text{A}$$

（3）额定转矩 M_N 为

$$M_N = 9\ 550 \times \frac{40}{1\ 470} = 260\ \text{N} \cdot \text{m}$$

（4）最大转矩 M_{MAX} 为

$$M_{MAX} = \left(\frac{M_{MAX}}{M_N}\right) \times M_N = 2.0 \times 260 = 520\ \text{N} \cdot \text{m}$$

【例 6 - 5】　上例的电动机若采用直接起动时起动电流和起动转矩各是多少？若采用 Y - △ 起动和自耦降压起动，线路上的起动电流和电动机的起动转矩又各是多少？

解　直接起动时，有

$$I_{ST} = \left(\frac{I_{ST}}{I_N}\right) \times I_N = 6.5 \times 76 = 494\ \text{A}$$

$$M_{ST} = \left(\frac{M_{ST}}{M_N}\right) \times M_N = 1.2 \times 260 = 312\ \text{N} \cdot \text{m}$$

Y - △ 起动时，星形接法起动电流为

$$I_{STY} = \left(\frac{1}{3}\right) \times I_{ST\triangle} = \frac{1}{3} \times 494 = 164.7\ \text{A}$$

此时的起动转矩

$$M_{ST\triangle} = \left(\frac{1}{3}\right) \times M_{ST\triangle} = \frac{1}{3} \times 312 = 104\ \text{N} \cdot \text{m}$$

自耦降压起动，依题意，起动时电动机端电压降到电源电压的 64% ，故电动机的起动电流（也是自耦变压器副边的电流）为直接起动电流的 64% ，即有

$$I_{ST} = 0.64 I_{ST} = 0.64 \times 494 = 316\ \text{A}$$

由于变压器电流的变换关系，变压器原边的起动电流（也是线路上的起动电流）为

$$I''_{ST} = 0.64 I'_{ST} = 0.64 \times 312 = 199.7\ \text{A}$$

由于电动机的电磁转矩和电压的二次方成正比，因此，电动机降压起动时的起动转矩为

$$M'_{ST} = 0.64^2 M_{ST} = 0.64^2 \times 312 = 127.8 \text{ N} \cdot \text{m}$$

4. 三相异步电动机的调速

调速是指在同一负载下人为改变电动机的转速。由前面所学可知,电动机的转速为

$$n = (1 - S)N_1 = (1 - S)\frac{60f_1}{p} \quad (6-21)$$

因此,要改变电动机的转速,有变频调速、变极调速和变转差率调速三种方式。

(1)变频调速

变频调速是指通过改变电源的频率从而改变电动机转速,它采用一套专用的变频器来改变电源的频率以实现变频调速。变频器本身价格较贵,但它可以在较大范围内实现较平滑的无极调速,且具有较硬的机械特性,是一种较理想的调速方法。近年来,随着电力电子技术的发展,交流电动机采用这种方式进行调速越来越普遍。

(2)变极调速

变极调速是指通过改变异步电动机定子绕组的接线方法以改变电动机的磁极对数从而来实现调速的方法。由式(6-21)可知,改变电动机的磁极对数 p,可以改变电动机的转速。但由电动机的工作原理可知,电动机的磁极对数总是成倍增长的,因此,电动机的转速也将呈阶段性上升,无法实现无极调速。鼠笼式异步电动机转子的极数能自动与定子绕组的极数相适应,因此,一般鼠笼式异步电动机采用这种方法调速。

异步电动机可以通过改变电动机的定子绕组接法来实现变极调速,也可以通过在定子上安装不同的定子绕组来实现调速,这种能改变定子磁极对数的电动机又称为多速电动机。如图 6-19 所示为一个 4/2 极双速电动机的定子绕组接法及对应的单相电磁感应场分布示意图。如图 6-19(a)所示,电动机每相有两个线圈,如果把两线圈并联起来,接成双 Y 形,则合成磁场为一对磁极。如果将两两线圈串联起来,接成 Δ 形,则合成磁场为两对磁极,如图 6-19(b)所示,这两种接法电动机同步转速差 1 倍。

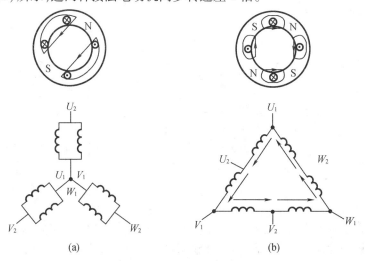

图 6-19 变极调速

(a)双 Y 形接法;(b)Δ 形接法

变极调速方式转速的平滑性差,但它经济、简单,且机械特性硬、稳定性好,因此,许多

工厂的生产机械一般采用这种方法和机械调速协调进行调速。

（3）变转差率调速

在绕线式异步电动机中，可以通过改变转子电阻来改变转差率从而改变电动机的速度。如图6-20所示，设负载转矩 T_L 不变，转子电阻 R_2 增大，电动机的转差率 S 增大，转速下降，工作点下移，机械特性曲线变软。当平滑调节转子电阻时，可以实现无极调速，但调速范围较小，且要消耗电能，一般用在起重设备上。

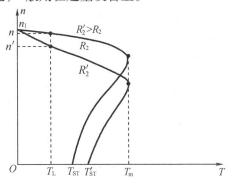

图6-20 变转差率调速

5. 三相异步电动机的制动

三相异步电动机脱离电源之后，由于惯性电动机要经过一定的时间后才会慢慢停下来，但有些生产机械要求迅速、准确地停车，因此，要求对电动机进行制动控制。电动机的制动方法可以分为两大类：机械制动和电气制动。机械制动一般利用电磁抱闸的方法来实现；电气制动一般有能耗制动、反接制动和回馈发电制动三种方法。

（1）能耗制动

如图6-21（a）所示为能耗制动原理接线图。当电动机电源的双投开关 QS 断开，交流电源并向下投时，电动机接至直流电源上，直流电流通过定子绕组产生恒定不动的磁场，而转子导体因惯性转动切割磁力线产生感应电流，并产生制动转矩，其方向如图6-21（b）所示。制动转矩的大小与直流电流的大小有关，制动时应用的直流电流一般为电动机额定电流的0.5～1倍。

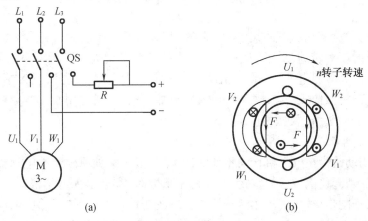

图6-21 能耗制动示意图

（a）能耗制动原理接线图；（b）能耗制动转矩方向

制动过程中,电动机的动能全部转化成电能消耗在转子回路中,就会引起电动机发热,因此,一般需要在制动回路上串联一个大电阻,以减小制动电流。这种制动方法的特点是制动平稳、冲击小、耗能小,但需要直流电源,且制动时间较长,一般多用于起重提升设备及机床等生产机械中。

(2)反接制动

反接制动是指制动时,改变定子绕组任意两相的相序,使得电动机的旋转磁场换向,反向磁场与原来惯性旋转的转子之间相互作用,产生一个与转子转向相反的电磁转矩,迫使电动机的转速迅速下降,当转速接近零时,切断电动机的电源,如图6-22所示。显然反接制动比能耗制动所用的时间要短。

当正常运行时,接通 KM_1,电动机按顺序电源 $U—V—W$ 起动运行。当需要制动时,接通 KM_2,由图6-22(b)可以看出,电动机的定子绕组接逆序电源 $V—U—W$ 起动运行。该电源产生一个反向的旋转磁场。由于惯性,电动机仍然顺时针旋转,此时转子感应电流的方向按右手螺旋法可以判断,再根据左手定则判断转子的受力 F,显然,转子会受到一个与其运动方向相反而与新旋转磁场方向相同的制动力矩,使得电动机的转速迅速降低。当转速接近零时,应切断反接电源,否则电动机会反方向起动。

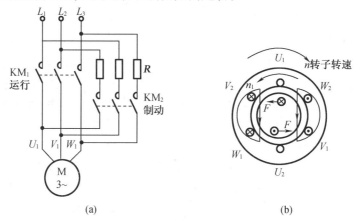

图6-22 反接制动示意图
(a)反接制动原理接线图;(b)反接制动转矩方向

反接制动的优点是制动时间短、操作简单,但采用反接制动时,由于形成了反向磁场,因此,使得转子的相对转速远大于同步转速,转差率大大增大,转子绕组中的感应电流很大,能耗也较大。为限制电流,一般在制动回路中串入大电阻。另外,反接制动时,制动转矩较大,会对生产机械造成一定的机械冲击,影响加工精度,通常用于一些频繁正反转且功率小于 10 kW 的小型生产机械中。

(3)回馈发电制动

回馈发电制动是指在电动机转向不变的情况下,由于某种原因使得电动机的转速大于同步转速,例如,当起重机械下放重物、电动机车下坡时,都会出现这种情况。此时,重物拖动转子,转速大于同步转速,转子相对于旋转磁场改变运动方向,转子感应电动势及转子电流也反向,于是转子受到制动力矩,使得重物匀速下降。此过程中电动机将势能转换为电能回馈给电网,因此,称为回馈发电制动。

6.5 单相异步电动机

6.5.1 基本结构和工作原理

1. 基本结构

单相异步电动机的结构如图6-23所示,与三相异步电动机的结构相似,也由定子和转子两部分构成。定子铁芯内嵌放单相或两相定子绕组,而转子通常只采用普通的鼠笼型转子。

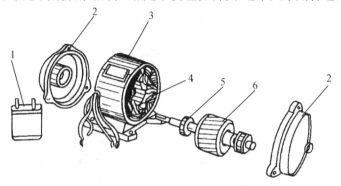

图6-23 单相异步电动机的结构
1—电容;2—端盖;3—机座;4—定子绕组;5—轴承;6—转子

2. 工作原理

若单相异步电动机的定子绕组是单相绕组,则在接通单相电源后,单相正弦交流电通过单相绕组只能产生脉冲磁场。例如,单项异步电动机的转子原来是静止的,则在此脉冲磁场的作用下,转子是不会转动的。若用外力拨动转子,则转子会顺着拨动方向转动起来,这是因为脉冲磁场可等效分解成两个幅值相等、转数相同、转向相反的旋转磁场,即正向旋转磁场和负向旋转磁场。当转子静止时,两个旋转磁场所产生的正向电磁转矩和负向电磁转矩大小相等、方向相反,因而转子不会转动,当拨动转子正向转动时,由于正向电磁转矩大于反向电磁转矩,因此转子就会沿着拨动方向(正向)转动起来。由此看来,要使单相定子绕组异步电动机能够自行起动,使其具备实用价值,必须解决起动问题。

6.5.2 单相异步电动机的类型和工作原理(起动方法)

单相单绕组异步电动机不能自行起动,要使单相单绕组异步电动机像三相异步电动机那样能够自行起动,就必须在起动时建立一个旋转磁场,常用是采取分相式和罩极式两种方法。

1. 分相式单相异步电动机

分相式单相异步电动机的定子上除了装有单相主绕组之外,通常还安装了一个起动绕组,起动绕组在空间上与主绕组相差90°电角度。这样在同一单相电源供电的情况下,起动绕组和主绕组流过的电流在相位上相差一定电角度,会在定子气隙内形成一个旋转磁场,从而使转子转动。根据这一原理,由于在起动绕组上接入元件的不同,又可分为电容分相式、电阻分相式等分相式异步电动机。

(1)电容分相式单相异步电动机

如图 6 - 24 所示为电容分相式单相异步电动机的原理图。适当选择电容 C 的容量,使起动绕组流过的电流 i_V 与主绕组流过的电流 i_U 在相位上相差 90°,如图 6 - 25(a)所示。此时在定子的内圆便产生一圆形旋转磁场,其原理如图 6 - 25(b)所示。转子在旋转磁场的作用下获得起动转矩,从而转动起来。

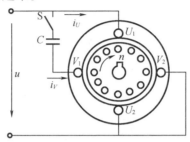

图 6 - 24 电容分相式单相异步电动机的原理图

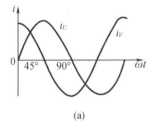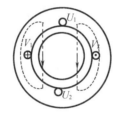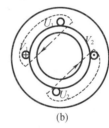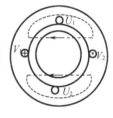

(a)   (b)

图 6 - 25 单相异步电动机旋转磁场

(a)两相电流;(b)旋转磁场原理图

值得注意的是,在起动前,若起动绕组断开,则此类电动机不能起动。但起动后,若去掉起动绕组,电动机仍能继续转动,因此在有些单相异步电动机内安装一个离心开关,以便在它转动后,能把起动绕组电路自动断开,这样起动绕组便不参与运行。这种电动机称为电容起动单相异步电动机。若起动绕组参与运行,则为电容运转单相异步电动机。

两者相比,电容起动单相异步电动机的起动电流较小、起动转矩较大,因此它适用于水泵、磨粉机等满载起动的机械。电容运转单相异步电动机起动电流较大、起动转矩较小,但具有较好的运行特性,其功率因数、效率和过载能力都较高,因此 300 mm 以上的电风扇、空调压缩机的电动机均采用这种电容运转单相异步电动机。

(2)电阻分相式单相异步电动机

将图 6 - 24 中的电容 C 换成电阻 R 即可构成电阻分相式异步电动机。这种电动机具有起动绕组的导线较细、主绕组导线较粗的特点,这样起动绕组的电阻就比主绕组大,使得流过两者的电流有一定的相位差(一般小于 90°),从而在定子内圆产生一椭圆形的旋转磁场,使转子获得起动转矩而起动。这种电动机的起动转矩不大,适用于空载起动。家用电冰箱中的压缩机常使用这种电动机,因此当电冰箱工作中突然断电时,不能马上恢复供电,否则有可能烧坏电动机,必须经过几分钟,让压缩机压力下降,使电动机处于轻载状态,才能重新通电起动电动机。

2. 罩极式单相异步电动机(凸极式)

(1)罩极式单相异步电动机的结构

按照磁极形式的不同,分为凸极式和隐极式两种,其中凸极式结构最为常见。如图 6-26 所示,每个定子磁极上都装有一个主绕组,每个磁极极靴的 1/3 ~ 1/4 处开有一个小槽,槽中均嵌入一个短路铜环。

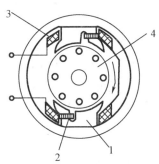

图 6-26 单相凸极式罩极异步电动机结构示意图
1—凸极式铁芯;2—短路环;3—定子绕组;4—转子

(2)罩极式单相异步电动机的工作原理

当罩极式电动机的定子单相绕组通入单相交流电时,将产生一脉冲磁场,其磁通的一部分穿过磁极的被未罩部分,另一部分穿过短路环通过磁极的被罩住部分。由于短路环的作用,当穿过短路环中的磁通发生变化时,短路环中必然产生感应电动势和感应电流。根据楞次定律,该电流的作用总是阻碍磁通的变化,这就使得穿过短路环部分的磁通滞后于穿过磁极未罩部分的磁通,造成磁场的中心线发生移动,如图 6-27 所示,于是电动机内部就产生了一个移动的磁场,类似于一个椭圆度很大的旋转磁场,因此电动机就会产生一定的起动转矩而旋转起来,由图可以看出,磁场的中心线总是由磁极的未罩部分转向磁极的被罩部分,因此罩极式电动机的转向总是从磁极的未罩部分转向磁极的被罩部分,即转向不能改变。

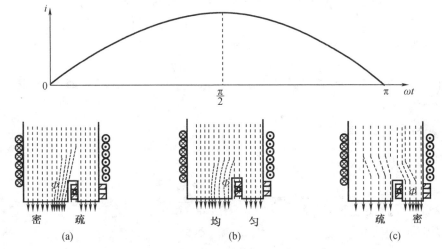

图 6-27 单相罩极式异步电动机旋转磁场的形成
(a)电流增加;(b)电流不变;(c)电流减小

（3）罩极式单相异步电动机的特点

结构简单、制造方便、成本低、维护方便，但起动性能和运行性能较差，主要用于小功率电动机的空载起动，例如 250 mm 以下的台式电风扇。

6.5.3 单相异步电动机与三相异步电动机起动与运行的比较

单相异步电动机在起动前，若起动绕组或主绕组断开，则电动机不能起动，但在运行过程中，若起动绕组断开，则转子继续旋转，电动机仍能正常工作。与单项异步电动机类似，三相异步电动机在起动前，若定子某相绕组断开，则电动机不能起动，但在运行过程中，若某一相断开，则电动机仍能继续旋转。由于电动机的负载未变，因此，电动机所取用的电功率也几乎未变，这样会使其他两相定子绕组中的电流将剧增，以致引起电动机过热而损坏。由此可见，在实际工作中必须特别注意三相异步电动机在运行过程中有无发生某相熔丝烧断的现象发生。

本 章 小 结

1. 三相异步电动机

电动机是将电能转换成机械能的旋转机械，主要由定子和转子构成，三相异步电动机按其结构可以分为鼠笼式异步电动机和绕线式异步电动机两种类型。

三相异步电动机的工作原理是定子绕组通入三相电源之后，在电动机定子中产生旋转磁场，转子绕组切割旋转磁场的磁力线，并在闭合的转子回路中产生感应电流，产生感应电流的转子在旋转磁场中受到作用力，产生电磁转矩，带动转子旋转。转子的转向取决于旋转磁场的方向，旋转磁场的方向受制于电源的相序。旋转磁场的转速又称为同步转速，同步转速 N_1 与电源频率和磁极对数有关，计算公式为

$$N_1 = 60f_1/p$$

电动机转子的转速 N 小于同步转速 N_1，因此称为异步电动机，转差率为

$$S = (N_1 - N)/N_1$$

三相异步电动机定子端电压的有效值为

$$U_1 \approx E_1 = 4.44f_1N_1\varphi$$

当外加电压 U_1 不变时，旋转磁场的磁通 Φ 基本不变，与变压器原理相同，定子电流受制于转子电流。

转子感应电动势的有效值为

$$E_2 = 4.44F_2K_2N_2\varphi = SE_{20}$$

转子电流为

$$I_2 = \frac{E_2}{|Z|} = \frac{SR_2}{\sqrt{R_2^2 + (SX_{20})^2}}$$

功率因数为

$$\cos\varphi_2 = \frac{R_2}{\sqrt{R_2^2 + (SX_{20})^2}}$$

三相异步电动机的电磁转矩为

$$T = CU_1^2 \frac{SR_2}{R_2^2 + (SR_{20})^2}$$

异步电动机的转矩特性和机械特性表达式分别为 $T = f(S)$ 和 $n = f(T)$，机械特性曲线分为稳定区和不稳定区。电动机正常运行时，工作点在稳定区，电动机的转子电阻和电源电压都会影响电动机的机械特性，且电动机有三个重要的转矩。

额定转矩

$$T_N = 9\ 550 \frac{P_{2N}}{n_N}$$

最大转矩

$$T_m = C \frac{U_1^2}{2X_{20}}$$

起动转矩

$$T_{ST} = C \frac{R_2 U_1^2}{R_2^2 + X_{20}^2}$$

异步电动机的额定电压和额定电流是指定子上的线电压和线电流，额定功率是指输出的功率。

异步电动机有直接起动和降压起动两种方式。直接起动时，起动电流大，因此，对于大容量的异步电动机应该采用降压起动。一般鼠笼式异步电动机多采用 Y−Δ 降压起动、自耦变压器降压起动；绕线式异步电动机多采用转子串联电阻降压起动。

异步电动机的调速方法有变频调速、变转差率调速和变极调速，前两种方法可以实现无极调速，后一种只能实现有极调速。目前采用变频器进行调速已成为主流。

异步电动机有机械制动和电气制动两种制动方法。机械制动采用电磁抱闸来实现，电气制动有能耗制动、反接制动和回馈发电制动三种方法。能耗制动所需时间较长，需要直流电源，但耗能少；反接制动只需要把定子绕组的相序改变就可以实现制动，转速接近零时必须切断电源，反接制动耗能较多，冲击大，但制动迅速；回馈发电制动不需改变电源的相序，也不需直流电源，它把势能转化为机械能，机械能又转化为电能回馈给电网，在这个过程中，转子转速大于同步转速，电动机处于发电制动的状态。

电动机应尽量选择鼠笼式异步电动机，转速越高越经济，转速越低则转矩越大。一般选用 1 500 r/min 的电动机。电动机的功率是一个非常重要的参数，应该经过合理计算后选择。

2. 单相异步电动机

(1)单相异步电动机的结构

单相异步电动机主要由转子和定子构成。

(2)与同容量三相异步电动机相比的优缺点

优点：结构简单、成本低廉、运行可靠，并且电源获得方便，可直接接在单相 220 V 交流电源上使用。

缺点：体积大、效率低、运行性能差、过载能力小。

（3）工作原理

定子绕组是单相绕组,通上单相正弦交流电后只能产生脉冲磁场,不是旋转磁场,如果转子原来是静止的,则在脉冲磁场的作用下,转子是不会转动的。当拨动转子向某个方向转动后,脉冲磁场在这个方向的分磁场较大,转子将向这个方向转动。故起动时必须让转子先转动起来,即起动时建立一个旋转磁场。

（4）类型和起动原理及应用

①类型

a. 分相式

电容分相式:电容起动单相异步电动机;电容运转单相异步电动机。

电阻分相式。

b. 罩极式

凸极式:结构简单,最为常见。

隐极式。

②起动原理

a. 分相式单相异步电动机

定子绕组为两个,主绕组和起动绕组,空间上两者相差 90°电角度。在同一单相电源供电的情况下,两个绕组会在定子气隙内形成一个旋转磁场。根据起动绕组上所接的元件不同,可分为电容分相式、电阻分相式等分相式单相异步电动机。

电容分相式单相异步电动机:起动绕组上接适当容量电容 C 的分相式单相异步电动机。主绕组上的电流与起动绕组上的电流在相位上相差 90°,定子内圆便产生一圆形旋转磁场。

电阻分相式单相异步电动机:起动绕组上接电阻 R 的分相式单相异步电动机。起动绕组导线较细,主绕组导线较粗,起动绕组的电阻比主绕组大,使得流过两者的电流有一定的相位差（一般小于 90°）,从而在定子内圆产生一椭圆形旋转磁场,使转子获得起动转矩而起动。这种电动机的起动转矩不大,适用于空载起动,家用电冰箱中的压缩机常用这种电动机。

b. 罩极式单相异步电动机（凸极式）

每个定子磁极上都装有一个主绕组,每个磁极极靴的 1/3 ~ 1/4 处开有一个小槽,槽中均嵌入一个短路铜环。通入单相交流电后,电动机内部就会产生一个移动的磁场,类似于一个椭圆度很大的旋转磁场,从而使转子转动起来。（此种电动机转向不能改变）

它的特点是结构简单、制造方便、成本低、维护方便,但起动性能和运行性能差,主要用于小功率电动机的空载起动,例如 250 mm 以下的台式电风扇。

习 题

6－1 按工作电源分类:根据电动机工作电源的不同,可分为（　　　　）和（　　　　）。其中交流电动机还分为（　　　　）和（　　　　）。

6－2 按结构及工作原理分类:电动机按结构及工作原理可分为（　　　　）（

)和(　　　　　　)。

6-3　试描述异步电动机的工作原理,电动机的转向由什么决定?

6-4　什么是转差率,如何根据转差率的大小来判别电动机的运行情况?

6-5　三相异步电动机缺相时能否起动?为什么?如果在运行中断了一根相线,能否继续运行?为什么?这两种情况对电动机有何影响?

6-6　当异步电动机的定子绕组与电源接通后,若转子被阻,长时间不能转动,对电动机有何危害?若遇到这种情况,应采取何措施?

6-7　如果把额定接法为 Y 形的电动机误接成 Δ 形,或把额定接法为 Δ 形的电动机误接成 Y 形,将会产生什么后果?

6-8　判断对称的三相交流电流通入对称的三相绕组中,便能产生一个在空间旋转、恒速、幅度按正弦规律变化的合成磁场,是否正确。

6-9　判断在异步电动机的转子电路中,感应电动势和电流的频率是随转速而改变的,转速越高,则频率越高;转速越低,则频率越低,是否正确。

6-10　判断三相异步电动机在空载下起动,起动电流小;在满载下起动,起动电流大,是否正确。

6-11　判断当绕线式三相异步电动机在运行时,在转子绕组中串联电阻,是为了限制电动机的起动电流,防止电动机被烧毁,是否正确。

6-12　变极调速为什么是无极调速?变频调速时,电动机的同步转速有何变化?

6-13　三相异步电动机的电气制动有几种方法?各有何特点?

6-14　有一台三相异步电动机,其电源频率 $f=50$ Hz,额定转速 $n_N=960$ r/min,试问这台电动机的磁极对数是多少?额定转差率 S_N 是多少?

第 7 章

常用半导体器件

7.1 半导体的基础知识

导电能力介于导体和绝缘体之间的物质称为半导体。在自然界中属于半导体的物质有很多,用来制造半导体器件的材料主要是硅(Si)、锗(Gi)和砷化镓(GaAs)等,其中硅用得最为广泛。

7.1.1 本征半导体

纯净的半导体称为本征半导体。用于制造半导体器件的纯硅和锗都是四价元素,其最外层原子轨道上有四个电子(称为价电子)。在单晶结构中,由于原子排列的有序性,价电子为相邻的原子所共有,如图 7－1 所示为硅和锗的原子结构,图中 +4 代表四价元素原子核和内层电子所具有的净电荷。共价键中的价电子,将受共价键的束缚。在室温或光照下,少数价电子可以获得足够的能量摆脱共价键的束缚成为自由电子,同时在共价键中留下一个空位,如图 7－1 所示,这种现象称为本征激发,这个空位称为空穴,可见本征激发产生的自由电子和空穴是成对的。原子失去价电子后带正电,可等效地看成是因为有了带正电的空穴。空穴很容易吸引邻近共价键中的价电子去填补,使空位发生转移,这种价电子填补空位的运动可以看成空穴在运动,其运动方向与价电子运动方向相反。自由电子和空穴在运动中相遇时会重新结合而成对消失,这种现象称为复合。温度一定时,自由电子和空穴的产生与复合将达到动态平衡,这时自由电子和空穴的浓度一定。

在电场作用下,自由电子和空穴将做定向运动,这种运动称为漂移,所形成的电流叫作漂移电流。自由电子又叫电子载流子,空穴又叫空穴载流子。因此,半导体中有自由电子和空穴两种载流子参与导电,分别形成电子电流和空穴电流,这一点与金属导体的导电机理不同。在常温下,本征半导体载流子浓度很低,因此导电能力很弱。

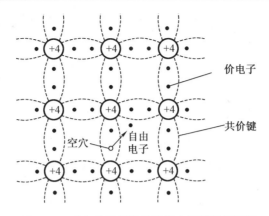

图 7 - 1　硅和锗的原子结构及本征激发示意图

7.1.2　杂质半导体

为了提高半导体的导电能力,可在本征半导体中掺入微量杂质元素,掺杂后的半导体称为杂质半导体。按掺入杂质的不同,有 N 型半导体和 P 型半导体之分。

在四价的硅(或锗)中掺入五价元素(例如磷、砷、锑等)后,杂质原子替代了晶格中某些四价元素原子的位置,如图 7 - 2(a)所示。杂质原子与周围的四价元素原子结合成共价键时多余一个价电子,这个多余的价电子在室温下就能挣脱原子核的束缚成为自由电子,杂质原子则变成带正电荷的离子,称施主离子。掺入多少杂质原子就能电离产生多少个自由电子,因此自由电子的浓度大大增加。这时由本征激发产生的空穴被复合的机会增多,使空穴浓度反而减少。这种以电子导电为主的半导体称为 N 型(或电子型)半导体,其中,自由电子为多数载流子(简称多子),空穴为少数载流子(简称少子)。

在四价的硅或锗中掺入三价元素(例如硼、铝、铟等)后,杂质原子与周围的四价元素原子形成共价键时因缺少一个价电子而产生一个空位,室温下这个空位极易被邻近共价键中的价电子所填补,使杂质原子变成负离子,称为受主离子,如图 7 - 2(b)所示,这种杂质使空穴的浓度大大增加,这是以空穴导电为主的半导体,称为 P 型(或空穴型)半导体,其中,空穴为多子,自由电子为少子。

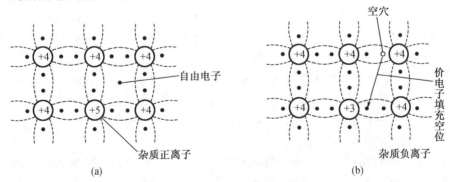

(a)　　　　　　　　　　　　　　(b)

图 7 - 2　杂质半导体结构示意图

(a)N 型半导体;(b)P 型半导体

如图 7-3 所示为杂质半导体中载流子和杂质离子的示意图。此处必须指出:杂质离子虽然带电荷,但是它不能移动,因此它不是载流子;杂质半导体中虽然有一种载流子占多数,但是整个半导体仍呈电中性。

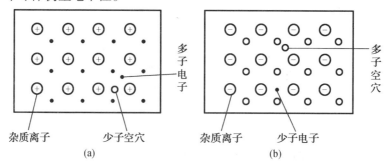

图 7-3　杂质半导体中载流子和杂质离子的示意图
(a)N 型半导体;(b)P 型半导体

杂质半导体的导电性能主要取决于多子浓度,多子浓度主要取决于掺杂浓度。若掺杂的浓度值较大并且稳定,杂质半导体的导电性能够得到显著改善。少子浓度主要与本征激发有关,因此对温度很敏感,其大小随温度的升高而增大。

7.1.3　PN 结

1.PN 结的形成

采用特定的制造工艺,在同一块半导体基片的两边分别形成 N 型和 P 型半导体。由于 P 型和 N 型半导体交界面两侧的两种载流子浓度有很大的差异,因此会产生载流子从高浓度区向低浓度区的运动,这种运动称为扩散,如图 7-4(a)所示。P 区中的多子空穴扩散到 N 区,与 N 区中的自由电子复合而消失;N 区中的多子电子向 P 区扩散并与 P 区中的空穴复合而消失。结果使交界面附近载流子浓度骤减,形成了由不能移动的杂质离子构成的空间电荷区,同时建立了内建电场(简称内电场),内电场方向由 N 区指向 P 区,如图 7-4(b)所示。

内电场将产生两个作用:一方面阻碍多子的扩散运动;另一方面促使两个区靠近交界面处的少子产生漂移运动。起始时内电场较小,扩散运动较强,漂移运动较弱,随着扩散的进行,空间电荷区增宽,内电场增大,扩散运动逐渐困难,漂移运动逐渐加强。外部条件一定时,扩散运动与漂移运动最终达到动态平衡,即扩散过去多少载流子必然漂移过来同样多的同类载流子,因此扩散电流等于漂移电流,如图 7-4(c)所示。此时,空间电荷区的宽度一定,内电场一定,形成了所谓的 PN 结。PN 结内电场的电位称为内建电位差,又叫作接触电位 U_B,其数值一般为零点几伏,室温时,硅材料 PN 结的内建电位差为 0.5 V~0.7 V,锗材料 PN 结的内建电位差为 0.2 V~0.3 V。

由于空间电荷区中载流子极少,都被消耗殆尽,因此空间电荷区又称为耗尽区。另外,从 PN 结内电场阻止多子继续扩散这个角度来说,空间电荷区也可称为阻挡层或势垒区。

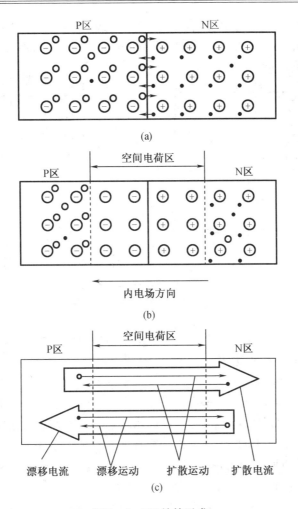

图 7 - 4 PN 结的形成

(a)载流子的扩散运动;(b)动态平衡时的 PN 结及其内电场方向;(c)动态平衡时 PN 结中的载流子运动及电流

2. PN 结的单向导电特性

加在 PN 结上的电压称为偏置电压,若 P 区接电位高端、N 区接电位低端,则称 PN 结外接正向电压或 PN 结正向偏置,简称正偏;反之,称 PN 结外接反向电压或反向偏置,简称反偏,如图 7 - 5 所示。

当 PN 结正偏时,外电场使 P 区的多子空穴向 PN 结移动,并进入空间电荷区和部分负离子中和;同样,N 区的多子电子也向 PN 结移动,并进入空间电荷区和部分正离子中和。因此,空间电荷量减少,PN 结变窄,如图 7 - 5(a)所示,这时内电场减弱,扩散运动将大于漂移运动,多子的扩散电流通过回路形成正向电流。当外加正向电压增加到一定值后,正向电流将显著增加,此时,PN 结呈现很小的电阻,称为导通。为了限制正向电流值,通常在回路中串接限流电阻 R。

当 PN 结反偏时,外电场使 P 区的空穴和 N 区的电子向离开 PN 结的方向移动,空间电荷区变宽,如图 7 - 5(b)所示。因此,内电场增强,多子的扩散运动受阻,而少子的漂移运动加强,这时通过 PN 结的电流(反向电流)由少子的漂移电流决定。由于少子浓度很低,因此反向电流很小,一般为微安级,相对于正向电流可以忽略不计。反向电流几乎不随外加电压而变化,故又称为反向饱和电流。此时,PN结呈现很大的电阻,称为截止。

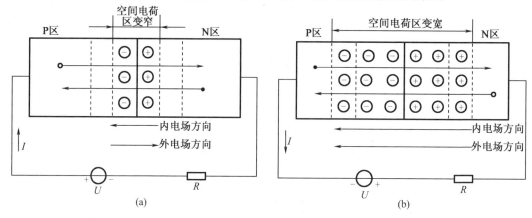

图 7-5　PN 结的单向导电特性

(a)正向偏置,导通;(b)反向偏置,截止

综上所述,PN结正偏时导通,呈现很小的电阻,形成较大的正向电流;反偏时截止,呈现很大的电阻,反向电流近似为零。因此,PN结具有单向导电特性。

3. PN 结的击穿特性

当加于 PN 结两端的反向电压增大到一定值时,二极管的反向电流将随反向电压的增加而急剧增加,这种现象称为反向击穿。反向击穿后,只要反向电流和反向电压的乘积不超过 PN 结允许的耗散功率,PN 结一般不会损坏。若反向电压下降到击穿电压以下,其性能可恢复到原有情况,即这种击穿是可逆的,称为点击穿;若反向击穿电流过大,则会导致 PN 结结温过高而烧坏,这种击穿是不可逆的,称为热击穿。

7.2　半导体二极管

7.2.1　二极管的特性及主要参数

1. 二极管的结构

在 PN 结的两端各引出一根电极引线,然后用外壳封装起来就构成了半导体二极管,如图 7-6(a)所示,其电路符号如图 7-6(b)所示。由 P 区引出的电极称为正极(或阳极),由 N 区引出的电极称为负极(或阴极),电路符号中的箭头方向表示正向电流的流通方向。

按 PN 结面积的大小,半导体二极管可分为点接触型和面接触型两类。点接触型二极管是由一根很细的金属触丝(例如三价元素铝)和一块 N 型半导体(例如锗)的表面接触,然后在正方向通过很大的瞬时电流,使触丝和半导体牢固地熔接在一起,三价金属与锗结合构成 PN 结,如图 7-6(c)所示。由于点接触型二极管金属丝很细,形成的 PN 结面积很小,因此它不能承受大的电流和高的反向电压。同时由于极间电容很小,因此这类管子适用于高频电路。例如,2AP1 是点接触型锗二极管,其最大整流电流为 16 mA,最高工作频率为150 MHz,但最高反向工作电压只有20 V。面接触型或称面结型二极管的 PN 结是用合金法或扩散法制成的,其结构如图 7-6(d)所示。由于这种二极管的 PN 结面积大,可承受较大的电流,但极间电容较大,这类器件适用于低频电路,主要用于整流电路。例如,2CZ53C 为面接触型硅二极管,其最大整流电流为 300 mA,最大反向工作电压为 100 V,而最高工作频率只有 3 kHz。

如图 7-6(e)所示是硅工艺平面型二极管的结构图,它是集成电路中常见的一种形式。

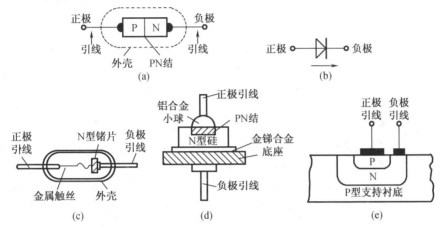

图 7-6 二极管的结构和符号

(a)半导体二极管结构示意图;(b)电路符号;(c)点接触型;(d)面接触型;(e)硅工艺平面型二极管结构图

2. 二极管的伏安特性

二极管由一个 PN 结构成,因此,它同样具有单向导电特性。在外加二极管两端的电压 u_D 的作用下,二极管电流 i_D 的变化规律如图 7-7 所示,称为二极管的伏安特性曲线。其数学表达式为

$$i_D = I_S \left(e^{\frac{u_D}{U_T}} - 1 \right) \tag{7-1}$$

$$U_T = \frac{kT}{q} \tag{7-2}$$

式中　I_S——二极管的反向饱和电流,单位为 A;

　　　k——玻尔兹曼常数,$k = 1.380 \times 10^{-23}$ J/K;

　　　T——热力学温度,单位为 K;

　　　q——电子电量,$q = 1.6 \times 10^{-18}$ C;

　　　U_T——温度电压当量,在常温($T = 300$ K)下,$U_T \approx 26$ mV。

当外加正向电压小于 U_{th} 时,外电场不足以克服 PN 结的内电场对多子扩散运动造成的阻力,正向电流几乎为零,二极管呈现为一个大电阻,似有一个门槛,因此将电压 U_{th} 称为门槛电压(又称死区电压)。在室温下,硅管 $U_{th} \approx 0.5$ V,锗管 $U_{th} \approx 0.1$ V。当外加正向电压大于 U_{th} 后,PN 结的内电场大为削弱,二极管的电流随外加电压增加而显著增大,由式(7-1)可知,电流与外加电压呈指数关系,实际电路中二极管导通时的正向压降硅管约为 0.6 V ~ 0.8 V,锗管约为 0.1 V ~ 0.3 V,因此,工程上定义这一电压为导通电压,用 $U_{D(on)}$ 表示,认为当 $u_D > U_{D(on)}$ 时,二极管导通,i_D 有明显的数值;当 $u_D < U_{D(on)}$ 时,i_D 很小且二极管截止。工程

上,一般取硅管 $U_{D(on)} = 0.7$ V,锗管 $U_{D(on)} = 0.2$ V。

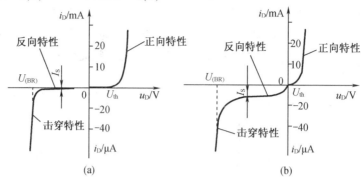

图 7 - 7　二极管的伏安特性曲线

（a）硅二极管；（b）锗二极管

二极管两端加上反向电压时,由式(7-1)可知,反向电流很小且与反向电压无关,约等于 I_S。在室温下,小功率硅管的反向饱和电流 I_S 小于 0.1 μA,锗管为几十微安。

当加于二极管两端的反向电压增大到 $U_{(BR)}$ 时,二极管内 PN 结被击穿,二极管的反向电流将随反向电压的增加而急剧增大,如图 7-7 所示,$U_{(BR)}$ 称为反向击穿电压。式(7-2)不能反映二极管的击穿特性。

如图 7-8 所示,温度对二极管的特性有显著影响。当温度升高时,正向特性曲线向左移,反向特性向下移。它的变化规律是在室温附近,温度每升高 1℃,正向压降约减小 2 mV～2.5 mV,温度每升高 10 ℃,反向电流约增大一倍。若温度过高,可能导致本征激发引起的少子浓度超过杂质原子所提供的多子浓度,此时杂质半导体变得与本征半导体相似,PN结消失。一般规定硅管所允许的最高结温为 150 ℃～200 ℃,锗管为 75 ℃～150 ℃。

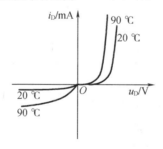

图 7 - 8　温度对二极管特性曲线的影响

3. 二极管的主要参数

二极管的特性还可以用参数来描述,在实用中一般通过查器件手册,依据参数来合理使用二极管。

（1）最大整流电流 I_F

指二极管长期运行允许通过的最大正向平均电流。使用时若超过此值,有可能烧坏二极管。

（2）最高反向工作电压 U_{RM}

指允许施加在二极管两端的最大反向电压,通常规定为击穿电压的一半。

（3）反向电流 I_R

指二极管未击穿时的反向电流值。其值会随温度的升高而急剧增加,其值越小,二极管单向导电性能越好。反向电流值,会随温度的上升而显著增加,在实际应用中应加以注意。

（4）最高工作频率 f_M

指保证二极管单向导电作用的最高工作频率。当工作频率超过 f_M 时,二极管的单向导电性能就会变差,甚至失去单向导电特性。PN 结具有电容效应,其作用可用 PN 结电容来等效,它并联于二极管的两端。由于 PN 结电容很小,对低频工作的影响也很小,当工作频率升高时,其影响就会增大,因此,f_M 主要决定于 PN 结电容的大小,其值越大,f_M 就越小。点接触型锗管由于其 PN 结面积比较小,故 PN 结电容很小,通常小于 1 pF,其最高工作频率可达数百兆赫,而面接触型硅整流二极管,其最高工作频率为 3 kHz。

7.2.2　二极管电路的分析方法

1. 理想二极管及二极管特性的折线近似

（1）理想二极管

实际实用中,希望二极管具有正向偏置时导通,电压降为零;反向偏置时截止,电流为零。反向击穿电压为无穷大的理想特性,其伏安特性可用如图 7-9(a)所示的两段直线表示。具有这样特性的二极管称为理想二极管,常用如图 7-9(b)所示的电路符号来表示。

在分析电路时,理想二极管可用一理想开关 S 来等效,如图 7-9(c)所示。正偏时 S 闭合,反偏时 S 断开,这一特性称为理想二极管的开关特性。在实际电路中,当二极管的正向压降远小于和它串联的电压,反向电流远小于和它并联的电流时,可认为二极管是理想的。

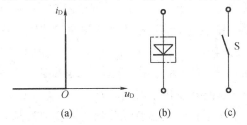

图 7-9　理想二极管模型

（a）伏安特性曲线；（b）电路符号；（c）等效电路模型

（2）二极管特性的折线近似

将如图 7-7 所示的二极管特性曲线用两段直线来逼近,称为特性曲线折线近似,如图 7-10(a)所示。两段直线在 $U_{D(on)}$ 处转折,$U_{D(on)}$ 为导通电压。二极管两端电压小于 $U_{D(on)}$ 时电流为零,大于 $U_{D(on)}$ 后,直线的斜率为 $\dfrac{1}{r_D}$,$\dfrac{1}{r_D} = \dfrac{\Delta U}{\Delta I}$,称为二极管的导通电阻,它表示在大信号的作用下,二极管呈现的电阻特性。由于二极管的正向特性曲线陡直,因此,导通电阻很小,约为几十欧。根据图 7-10(a)可得到如图 7-10(b)所示的等效电路。

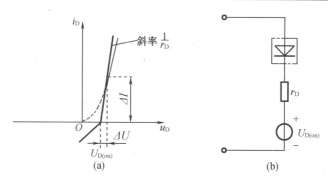

图 7-10　二极管特性折线模型
(a)特性曲线的折线近似;(b)等效电路模型

　　由于二极管的导通电阻 r_D 很小,通常可以将其省略,则二极管的特性曲线和等效电路可进一步简化为如图 7-11 所示模型,称为二极管恒压降模型。通常,图 7-10 和图 7-11 中的导通电压 $U_{D(on)}$,硅管取 0.7 V,锗管取 0.2 V。

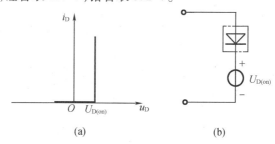

图 7-11　二极管恒压降模型
(a)特性曲线的折线近似;(b)等效电路模型

　　当外加电压远大于二极管的导通电压 $U_{D(on)}$ 时,可忽略 $U_{D(on)}$ 的影响,将二极管的特性曲线用从坐标原点出发的两段折线逼近,如图 7-12(a)所示,其等效电路如图 7-12(b)所示。

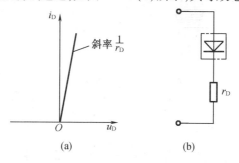

图 7-12　忽略导通电压时二极管的折线模型
(a)特性曲线的折线近似;(b)等效电路模型

【例 7-1】　二极管电路如图 7-13(a)所示,二极管为硅管,$R = 2$ kΩ,试用二极管的理想模型和恒压降模型分别求出 $V_{DD} = 2$ V 和 $V_{DD} = 10$ V 时回路电流 I。和输出电压 U。的值。

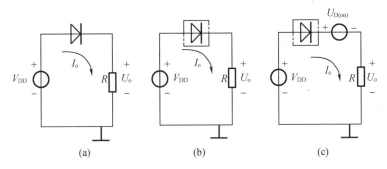

图 7 - 13　简单二极管电路

(a)二极管电路;(b)理想模型等效电路;(c)恒压降模型等效电路

解　将二极管用如图 7 - 9 所示理想模型和如图 7 - 11 所示恒压降模型代入,可分别作出如图 7 - 13(a)所示电路的等效电路,如图 7 - 13(b)、7 - 13(c)所示,由图可分别求出 I_o 和 U_o。

(1) $V_{DD} = 2$ V

由图 7 - 13(b)可得

$$U_o = V_{DD} = 2 \text{ V}, I_o = \frac{V_{DD}}{R} = \frac{2}{2} = 1 \text{ mA}$$

由图 7 - 13(c)可得

$$U_o = V_{DD} - U_{D(on)} = 2 - 0.7 = 1.3 \text{ V}$$

$$I_o = \frac{U_o}{R} = \frac{1.3}{2} = 0.65 \text{ mA}$$

(2) $V_{DD} = 10$ V

由图 7 - 13(b)可得

$$U_o = V_{DD} = 10 \text{ V}, I_o = \frac{10}{2} = 5 \text{ mA}$$

由图 7 - 13(c)可得

$$U_o = 10 - 0.7 = 9.3 \text{ V}$$

$$I_o = \frac{9.3}{2} = 4.65 \text{ mA}$$

上例说明,V_{DD} 越大,$U_{D(on)}$ 的影响就越小,如果电源电压远大于二极管的管压降时,可采用理想二极管模型,将 $U_{D(on)}$ 忽略进行直流电路的计算,所得到的结果与实际值误差不大;如果电源电压较低时,采用恒压降模型较为合理。

【例 7 - 2】　较复杂的硅二极管电路如图 7 - 14 所示,试求电路中电流 I_1、I_2、I_o 和输出电压 U_o 的值。

解　由于 $V_{DD1} > V_{DD2}$,因此二极管承受正向偏置而导通,从而使得

$$U_o = V_{DD1} - U_{D(on)} = 15 - 0.7 = 14.3 \text{ V}$$

由此不难求得

$$I_o = \frac{U_o}{R_L} = \frac{14.3}{3} = 4.8 \text{ mA}$$

$$I_2 = \frac{U_o - V_{DD2}}{R} = \frac{14.3 - 12}{1} = 2.3 \text{ mA}$$

$$I_1 = I_o + I_2 = 4.8 + 2.3 = 7.1 \text{ mA}$$

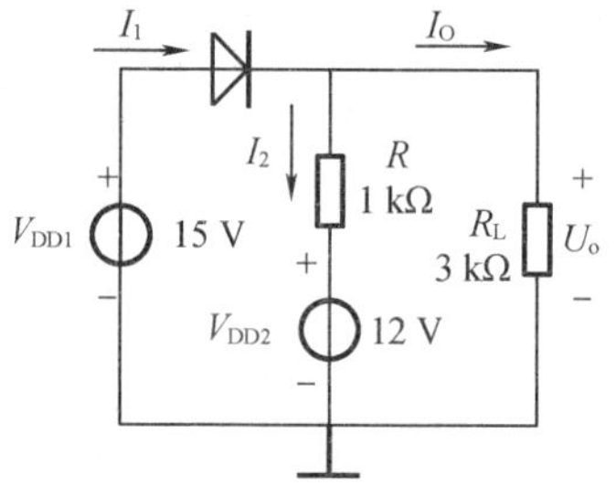

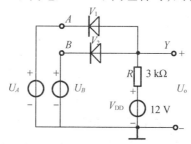

图 7 - 14 较复杂的硅二极管电路

【例 7 - 3】 二极管构成的门电路如图 7 - 15 所示,设 V_1 和 V_2 均为理想二极管,当输入电压 U_A 和 U_B 为低电压 0 V 和高电压 5 V 不同组合时,试求输出电压 U_o 的值。

图 7 - 15 二极管构成的门电路(二极管与门电路)

解 在数字电子电路中,常利用二极管的开关特性构成各种逻辑运算电路,如图 7 - 15 所示电路称为二极管与门电路,其功能是当 A、B 端均为高电压输入时,Y 端才有高电压,否则输出为低电压,现具体分析如图 7 - 15 所示电路的功能。

首先令 $U_A = U_B = 0$ V,由图 7 - 15 可见,V_1、V_2 均为正向偏置而导通,因此输出电压 $U_o \approx U_A = U_B = 0$ V,为低电压输出。

当 $U_A = 0$ V,$U_B = 5$ V 时,虽然刚接通 U_A、U_B 时 V_1、V_2 均为正向偏置而有可能导通,但是由于 V_1 导通后,将使 Y 点电位下降为 0 V,迫使 V_2 反偏而截止。因此这时 V_1 导通、V_2 截止,输出电压 $U_o = 0$ V。

当 $U_A = 5$ V,$U_B = 0$ V 时,V_1 截止、V_2 导通,输出电压 $U_o - 0$ V。

当 $U_A = U_B = 5$ V 时,V_1、V_2 均为正偏而导通,输出为高电压,即 $U_o = 0$ V。

可见,U_A、U_B 均为高电压 5 V 时,Y 端输出为高电压 0 V,只要有一个输入为低电压 0 V 时,则输出为低电压 0 V,实现了与的功能。

【例 7 - 4】 二极管构成的电路如图 7 - 16(a) 所示,已知输入电压 u_i 为正弦波,幅度为 15 V,试画出输出电压 u_o 的波形。

解 由于输入电压 u_i 幅度比较大,可以采用理想二极管特性来分析。当 u_i 为正半周时,V_1、V_4 两管正偏导通,而 V_2、V_3 反偏截止,因此可得到如图 7 - 16(b) 所示的等效电路,由图可知输出电压 $u_o = u_i$;当 u_i 为负半周时,V_2、V_3 正偏导通,V_1、V_4 反偏截止,可得到如图

7 - 16(c)所示的等效电路,由图可知输出电压 $u_o = -u_i$。由此可以得到输出电压波形,如图 7 - 16(d)所示,它是单方向的脉动电压,上述电路称为桥式整流电路。

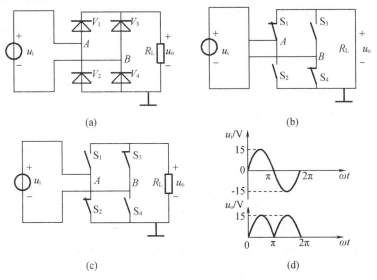

图 7 - 16 二极管桥式整流电路

(a)原理电路;(b) u_i 正半周等效电路;(c) u_i 负半周等效电路;(d)输入、输出电压波形图

【**例 7 - 5**】 由硅二极管构成的电路如图 7 - 17(a)所示,试画出在图示输入信号 u_i 的作用下输出电压 u_o 的波形。

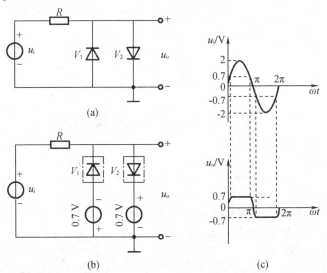

图 7 - 17 二极管限幅电路

(a)原理电路;(b)等效电路;(c)输入输出波形

解 由于考虑到输入电压的幅度只有 2 V,而二极管又采用硅管,因此不能略去二极管的导通电压(0.7 V),但可略去导通电阻,故画出等效电路如图 7 - 17(b)所示。由图可知,在 u_i 的正半周,当 u_i 小于 0.7 V 时,二极管 V_1、V_2 均截止,输出电压 u_o 等于输入电压 u_i;当

u_i 大于0.7 V时,V_2 导通,V_1 仍截止,输出电压 u_o 恒等于 V_2 的导通电压 0.7 V。在 u_i 的负半周,V_2 始终截止,当 u_i 大于 -0.7 V 时,V_1 也截止,输出电压 u_o 等于输入电压 u_i；当 u_i 小于 -0.7 V 时,V_1 导通,输出电压 u_o 恒等于 V_1 的导通电压 -0.7 V。由此可得如图 7-17 (c)所示的输出电压波形图。这是利用二极管恒定的导通电压对输入信号进行限幅的电路。

2. 图解分析法和微变等效电路分析法

(1)二极管电路的直流图解分析法

二极管电路如图 7-18(a)所示,V_{DD} 为直流电源电压。

由图 7-18(a)可列出方程

$$u_D = V_{DD} - i_D R \tag{7-3}$$

$$i_D = f(u_D) \tag{7-4}$$

式中,u_D 与 i_D 分别表示二极管两端压降和流过二极管的电流。式(7-4)为二极管的伏安特性,其曲线如图 7-18(b)中曲线 OQP 所示,为一非线性曲线。对式(7-3)和式(7-4)联立求解,便可求得二极管的管压降 U_Q 和流过二极管的电流 I_Q。由于式(7-4)为非线性函数,用作图的方法求解比较方便。

在图 7-18(b)中做出式(7-3)所描述的直线 MN。令 $i_D = 0$,$u_D = V_{DD}$ 得 M 点；令 $u_D = 0$,$i_D = \dfrac{V_{DD}}{R}$ 得 N 点、连接 M、N 两点就是式(7-3)的直线,该直线的斜率等于 $-\dfrac{1}{R}$。直线 MN 与二极管伏安特性曲线相交于 Q 点,Q 点对应的电流 I_Q 和电压 U_Q 就是如图 7-18(a)所示电路中流过二极管的电流和二极管两端压降。由图 7-18(b)可得 $I_Q = 5$ mA,$U_Q = 0.7$ V。因此,Q 点称为直流工作点,它反映了二极管直流工作时的电压和电流。

图 7-18(a)中,二极管处于直流工作状态,此时二极管呈现的电阻称为直流电阻 R_D,有

$$R_D = \frac{U_Q}{I_Q} \tag{7-5}$$

R_D 值等于直流工作点与原点间所连直线斜率的倒数,工作电流 I_D 不同,相应的 R_D 值也就不同,I_Q 越大,R_D 越小。

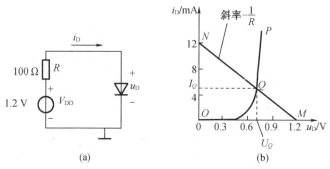

图 7-18 二极管电路的直流图解分析

(a)二极管电路;(b)直流图解

（2）二极管电路的微变等效电路分析法

如图 7 - 19（a）所示电路中既含有直流电源，又含有交流信号电压，这种情况在电子电路中经常遇到。设交流信号电压 u_i 为一幅度很小的正弦波，如图 7 - 19（b）所示。C 为隔直流、耦合交流的电容，它对交流信号的容抗近似为零。这样加在二极管两端的电压既有直流成分又有交流成分，流过二极管的电流也既有直流又有交流。分析交、直流量共存的电子电路，常用的方法是对直流状态和交流状态分别进行讨论（称为静态分析和动态分析），然后再进行综合讨论。

令 $u_i = 0$，此时电路中只有直流量，称为直流工作状态，又称静态。根据前面所述二极管直流图解分析法可求得流过二极管电流为 I_Q、管压降为 U_Q，如图 7 - 19（b）所示，通常将 I_Q、U_Q 称为静态工作点参数。由于二极管导通后，两端压降接近于恒压，因此，工程中常用估算法求流过二极管的电流 I_Q，即

$$I_Q = \frac{V_{DD} - U_Q}{R} \tag{7-6}$$

式中的 U_Q 对硅管取 0.7 V，对锗管取 0.2 V。

当 $u_i \neq 0$ 时，电路中加入交流信号电压，此时加在二极管两端的电压 $u_D = U_Q + u_i = U_Q + U_{im}\sin\omega t$，$U_{im}$ 为正弦信号的幅度，要求 $U_{im} \ll U_Q$。根据二极管伏安特性曲线可以做出流过二极管电流波形，如图 7 - 19（b）所示。

当 U_{im} 很小时，二极管伏安特性曲线在 Q 点附近很小范围内近似为直线，如图 7 - 19（b）所示。故由 u_i 产生的交流电流 i_d 也为正弦波，其幅值为 I_{dm}。可见，流过二极管的电流也由直流和交流合成，即 $i_D = I_Q + i_d$，$i_d = I_{dm}\sin\omega t$。

由于 u_i 很小时，在 u_i 的变化范围内，二极管伏安特性可用一段直线近似表示，因此，二极管在 Q 点对交流小信号的作用可等效为一电阻 r_d，该电阻称为二极管在 Q 点处的动态电阻或交流电阻。其值的倒数为 Q 点切线的斜率，即

$$\frac{1}{r_d} = \frac{di_D}{du_D}\bigg|_Q \tag{7-7}$$

根据式（7 - 1）可求得

$$\frac{1}{r_d} = \frac{I_S}{U_T}e^{\frac{U_Q}{U_T}} \approx \frac{I_Q}{U_T}$$

即有

$$r_d \approx \frac{U_T}{I_Q} \tag{7-8}$$

上式说明，在温度一定时，r_d 的值与直流工作点电流 I_Q 有关，I_Q 越大，r_d 越小。在室温时，$U_T \approx 26$ mV。例如 $I_Q = 2$ mA，则 $r_d = 13\ \Omega$。可见，二极管的动态电阻是很小的。

由此对于交流信号 u_i，图 7 - 19（a）电路可用如图 7 - 20 所示电路来等效，其中，电阻 r_d 是二极管的交流小信号等效电路（又称微变等效电路）。由于电容 C 对交流的容抗和直流电源 V_{DD} 的内阻均近似为零，可视为短路，故图中未画出。由图 7 - 20 不难求出流过二极管的交流电流 $i_d = \frac{u_i}{r_d}$。因此，流过二极管的总电流为

$$i_D = I_Q + i_d$$

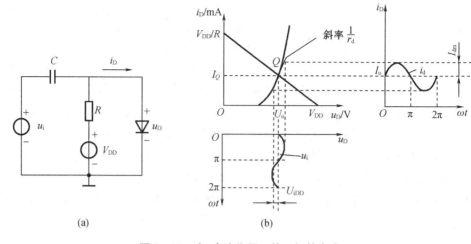

图 7-19　交、直流作用下的二极管电路

（a）电路；（b）电压、电流波形

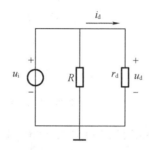

图 7-20　二极管电路的微变等效电路

【例 7-6】　二极管电路如图 7-19(a)所示,已知 $u_i = 5\sin \omega t$ mV,$V_{DD} = 4$ V,$R = 1$ kΩ,试求硅二极管两端的电压及流过二极管的电流。

解　（1）静态分析

令 $u_i = 0$,用估算法得

$$U_Q \approx 0.7 \text{ V}$$

$$I_Q = \frac{V_{DD} - U_Q}{R} = \frac{4 - 0.7}{1} = 3.3 \text{ mA}$$

（2）动态分析

$$u_d = u_i = 5\sin \omega t \text{ mV}$$

$$r_d = \frac{U_T}{I_Q} = \frac{26}{3.3} \approx 8 \text{ } \Omega$$

$$i_{dm} = \frac{u_{im}}{r_d} = \frac{5}{8} = 0.625 \text{ mA}$$

$$i_d = 0.625\sin \omega t \text{ mA}$$

（3）合成电压与电流分别为

$$u_D = U_Q + u_d = 0.7 + 0.005\sin \omega t \text{ V}$$

$$i_D = I_Q + i_d = 3.3 + 0.625\sin \omega t \text{ mA}$$

7.2.3　特殊二极管

二极管种类很多,除前面讨论的普通二极管外,常用的还有稳压二极管、发光二极管、光电二极管等,现简要介绍如下。

1.稳压二极管

稳压二极管是一种特殊的面接触型硅二极管,其符号和伏安特性曲线如图7-21所示,它的正向特性曲线与普通二极管相似,而反向击穿特性曲线很陡。正常情况下稳压二极管工作在反向击穿区,因为曲线很陡,反向电流在很大范围内变化时,端电压变化很小,所以具有稳压作用。只要反向电流不超过其最大稳定电流,就不会形成破坏性的热击穿。因此,在电路中应与稳压二极管串联适当阻值的限流电阻。稳压二极管的主要参数如下。

(1)稳定电压 U_Z

稳定电压指流过规定电流时稳压二极管两端的反向电压值,其值决定于稳压二极管的反向击穿电压值。

(2)稳定电流 I_Z

稳定电流指稳压二极管稳压工作时的参考电流值,通常为工作电压等于 U_Z 时所对应的电流值。当工作电流低于 I_Z 时,稳压效果变差;当工作电流低于 I_{Zmin} 时,由图7-21(b)可知稳压管将失去稳压作用。

(3)最大耗散功率 P_{ZM} 和最大工作电流 I_{ZM}

P_{ZM} 和 I_{ZM} 指为了保证二极管不被热击穿而规定的极限参数。由二极管允许的最高结温所决定,$P_{ZM} = I_{ZM}U_Z$。

(4)动态电阻 r_Z

动态电阻指稳压范围内电压变化量与相应的电流变化量之比,即 $r_Z = \dfrac{\Delta U_Z}{\Delta I_Z}$,如图7-21(b)所示。$r_Z$ 值很小,约几欧到几十欧。r_Z 越小,反向击穿特性越陡,稳压性能就越好。

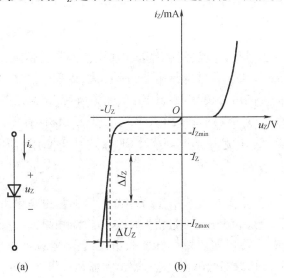

图7-21　稳压二极管符号及伏安特性曲线

(a)符号;(b)伏安特性曲线

（5）电压温度系数 C_T

电压温度系数指温度每增加 1 ℃时,稳定电压的相对变化量,即

$$C_T = \frac{\dfrac{\Delta U_Z}{U_Z}}{\Delta T} \times 100\% \qquad (7-9)$$

【例7-7】 利用稳压二极管组成的简单稳压电路如图7-22所示,R 为限流电阻,试分析输出电压 U_o 稳定的原理。

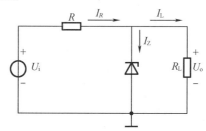

图7-22 稳压二极管组成的简单稳压电路

解 由图7-22可知,当稳压二极管正常稳压工作时,有

$$U_o = U_i - I_R R = U_Z \qquad (7-10)$$

$$I_R = I_Z + I_L \qquad (7-11)$$

若 U_i 增大,U_o 会随着上升,加于稳压二极管两端的反向电压会增加,也会使电流 I_Z 大大增加。由式(7-11)可知,I_R 也随之显著增加,从而使限流电阻上的压降 $I_R R$ 增大,其结果是,U_i 的增加量绝大部分都降落在限流电阻 R 上,从而使输出电压 U_o 基本维持恒定。反之,U_i 下降时 I_R 减小,R 压降减小,从而维持输出电压 U_o 的基本稳定。

若负载电阻 R_L 增大(即负载电流 I_L 减小),输出电压 U_o 将会随着增大,则流过稳压管的电流 I_Z 大大增加,致使 $I_R R$ 增大,迫使输出电压 U_o 下降。同理,若 R_L 减小,使 U_o 下降,则 I_Z 显著减小,致使 $I_R R$ 减小,迫使 U_o 上升,从而维持了输出电压 U_o 的稳定。

2.发光二极管与光电二极管

（1）发光二极管

发光二极管简称LED,是一种通以正向电流就会发光的二极管,它是由某些自由电子和空穴复合时,就会产生光辐射的半导体制成,采用不同的材料,便可发出红、橙、黄、绿、蓝色光,发光二极管电路如图7-23所示。发光二极管的伏安特性与普通二极管相似,不过它的正向导通电压大于1 V,同时发光的亮度随通过的正向电流的增大而增强,工作电流为几毫安到几十毫安,典型工作电流为10 mA左右。发光二极管的反向击穿电压一般大于5 V,但为使器件稳定可靠工作,应使其工作在5 V以下。

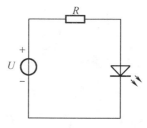

图7-23 发光二极管电路

图 7-23 中 R 为限流电阻,目的是使发光二极管正向工作电流控制在额定电流内。电源电压 U 可以是直流也可以是交流或脉冲信号。只要流过发光二极管的正向电流在正常范围内,就可以正常发光。发光二极管可单个使用,也可制成七段数字显示器及矩阵式器件。

(2)光电二极管

光电二极管的结构与普通二极管类似,使用时光电二极管 PN 结工作在反向偏置状态,在光的照射下,反向电流随光照强度的增加而上升(这时的反向电流叫作光电流)。因此,光电二极管是一种将光信号转为电信号的半导体器件,其电路符号如图 7-24 所示。另外,光电流还与入射光的波长有关。

图 7-24　光电二极管电路符号

在无光照射时,光电二极管的伏安特性和普通二极管一样,此时的反向电流叫作暗电流,一般在几微安,甚至更小。

7.3　半导体三极管

7.3.1　双极型三极管

通过一定的工艺将两个 PN 结结合在一起就构成了双极型三极管。由于 PN 结之间的相互影响,使晶体三极管具有放大作用,因此使得 PN 结的应用发生了质的变化。根据结构的不同,晶体管三极管有 NPN 和 PNP 两种类型,本节主要讨论 NPN 型三极管,讨论的结果同样适用于 PNP 型三极管。

1.晶体三极管的工作原理

(1)结构与符号

如图 7-25(a)所示是 NPN 型三极管的结构示意图,它是由两个 PN 结的三层半导体制成,每层半导体的引出电极分别称为发射极 E、基极 B、集电极 C,对应的三个区称为发射区、基区和集电区。发射区与基区之间形成的 PN 结称为发射结;集电区与基区之间形成的 PN 结称为集电结。如图 7-25(b)所示为硅平面管管芯结构剖面图,它是在 N 型硅片氧化膜上光刻一个窗口,进行硼杂质扩散,获得 P 型基区,经氧化膜掩护后再在 P 型半导体上光刻一个窗口,进行高浓度的磷扩散,获得 N 型发射区,表面是一层二氧化硅保护层,N 型衬底则用作集电极。一般 NPN 型硅三极管都属于这种结构。由此可见,发射区掺杂浓度最高,基区很薄,掺杂浓度最低,集电区掺杂浓度比发射区低,但其面积较大,这些制造工艺和结构特点是保证三极管具有电流放大能力的内部条件。

NPN 型三极管的电路符号如图 7-25(c)所示,发射极箭头方向表示发射结加正向电压时发射极电流的方向。

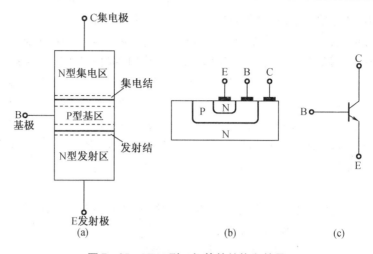

图 7 – 25　NPN 型三极管的结构和符号

（a）结构示意图；（b）管芯结构剖面图；（c）电路符号

PNP 型三极管结构与 NPN 型三极管类似，如图 7 – 26（a）所示，其电路符号如图 7 – 26（b）所示，PNP 型和 NPN 型三极管具有几乎相同的特性，只不过各电极端的电压极性和电流流向不同而已。

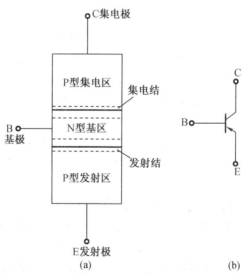

图 7 – 26　PNP 型三极管的结构与符号

（a）结构示意图；（b）电路符号

（2）电流放大原理

晶体三极管必须在发射结加正向偏置电压，集电结加反向偏置电压，才能具有放大作用。下面以 NPN 型三极管为例，讨论三极管的放大作用。

NPN 型三极管中载流子的运动和各极电流如图 7 – 27 所示，V_{BB} 为基极电源电压，用于提供发射结正偏电压；R_B 为限流电阻；V_{CC} 为集电极电源电压，它通过 R_C、集电结、发射结形成回路。由于发射结获正向偏置电压，其压降值很小（硅管约为 0.7 V），因此，V_{CC} 主要降落

在电阻 R_C 和集电结两端,使集电结获得反向偏置电压。图 7 – 27 中,发射极 E 为三极管输入回路和输出回路的公共端,这种连接方式的电路称为共发射极电路。

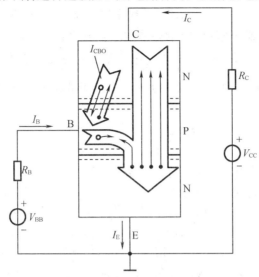

图 7 – 27　NPN 型三极管中载流子的运动和各极电流

　　在正向电压的作用下,发射区的多子(电子)不断地向基区扩散,并不断地由电源得到补充,形成发射极电流 I_E;基区的多子(空穴)也要向发射区扩散,由于其数量很小,可忽略。到达基区的电子继续向集电结方向扩散,在扩散过程中,少部分电子与基区的空穴复合,形成基极电流 I_B。由于基区很薄,且掺杂浓度低,因此,绝大多数电子都能扩散到集电结边缘,由于集电结反偏,这些电子几乎全部漂移过集电结,形成集电极电流 I_C。

　　可见,三极管在外加电压的作用下,发射区向基区注入的载流子大部分到达集电区形成集电极电流 I_C,只有小部分载流子在基区复合形成了基极电流 I_B,显然 $I_C \geqslant I_B$,且发射极电流为

$$I_E = I_B + I_C \tag{7 – 12}$$

　　当发射结正向偏置电压改变时,即基极电流改变时,发射区注入载流子数将随着改变,从而使集电极电流 I_C 产生相应的变化,由于 $I_B \leqslant I_C$,因此 I_B 很小的变化就能引起 I_C 较大的变化,这就是三极管的电流放大作用。通常用集电极电流 I_C 与基极电流 I_B 之比的值来反映三极管的放大能力,即

$$\bar{\beta} \approx \frac{I_C}{I_B} \tag{7 – 13}$$

　　$\bar{\beta}$ 称为三极管共发射极电路的直流电流放大系数。当三极管制成后,$\bar{\beta}$ 就可以确定,其值远大于 1。

　　若考虑集电区及基区少数载流子漂移运动形成的集电结反向饱和电流 I_{CBO},如图 7 – 27 所示,则 I_C 与 I_B 之间有如下关系

$$\bar{\beta} = \frac{I_C - I_{CBO}}{I_B + I_{CBO}} \tag{7 – 14}$$

式(7 – 14)也可写成

$$I_C = \bar{\beta}I_B + (1 + \bar{\beta})I_{CBO} = \bar{\beta}I_B + I_{CEO} \qquad (7-15)$$

$$I_{CEO} = (1 + \bar{\beta})I_{CBO} \qquad (7-16)$$

式中 I_{CEO}——穿透电流。

2. 晶体三极管的特性曲线

晶体三极管各电极电流与电压间的关系可用伏安特性曲线来表示,特性曲线可用晶体管特性图示仪测得,下面对共发射极电路的特性曲线进行讨论。

(1)输入特性曲线

将图 7-27 改画成图 7-28(a),由输入回路可写出三极管的输入特性的函数式为

$$i_B = f(u_{BE})\big|_{u_{CE} = 常数} \qquad (7-17)$$

实测的某 NPN 型硅三极管的输入特性曲线如图 7-28(b)所示,由图可见曲线形状与二极管的伏安特性曲线形状相类似,不过它与 u_{CE} 有关,$u_{CE} = 1$ V 的输入特性曲线比 $u_{CE} = 0$ V 的输入特性曲线向右移动了一段距离,即 u_{CE} 增大曲线向右移;但当 $u_{CE} > 1$ V 后,曲线右移距离很小,可以近似认为与 $u_{CE} = 1$ V 时的曲线重合,因此图 7-28(b)中只画出两条曲线。在实际使用中,u_{CE} 总是大于 1 V 的。由图可见,只有 u_{BE} 大于 0.5 V(该电压称为死区电压)后,i_B 才随 u_{BE} 的增大迅速增大,正常工作时管压降 u_{BE} 为 0.6~0.8 V,通常取 0.7 V,称之为导通电压 $U_{BE(on)}$。对锗管,死区电压约为 0.1 V,正常工作时管压降 u_{BE} 的值为 0.2 V~0.3 V,通常取 0.2 V。

(2)输出特性曲线

由图 7-28(a)输出回路可写出三极管输出特性的函数式为

$$i_C = f(u_{CE})\big|_{i_B = 常数} \qquad (7-18)$$

上述 NPN 型硅管的输出特性曲线簇如图 7-28(c)所示。由图可见,不同 i_B 的特性曲线的形状基本上是相同的,而且 $u_{CE} > 1$ V 后,特性曲线几乎与横轴平行(略向上倾斜),i_B 等量增加时,曲线等间隔地平行上移。在 i_B 等于常数的情况下,当三极管端电压 u_{CE} 增大时,i_C 几乎不变,即具有恒流特性;当 i_B 变化时,i_C 与 i_B 成正比例变化,即 $i_C \approx \bar{\beta}i_B$,因此把这一区域称为放大区。在此区域,三极管的发射结为正向偏置且 $u_{BE} > 0.5$ V,集电结为反向偏置且 $u_{CE} \geqslant 1$ V。

当 $i_B = 0$ 时,$i_C = I_{CEO}$,由于穿透电流很小,因此输出特性曲线是一条几乎与横轴重合的直线。通常将 $i_B \leqslant 0$ 的区域称为截止区,在此区域三极管的发射结反向偏置(也可为零偏),集电结也反向偏置,$i_B \approx 0$,$i_C \approx 0$。

当 u_{CE} 比较小,且小于 u_{BE} 时,$u_{CB} = u_{CE} - u_{BE} < 0$,三极管的集电结处于正向偏置状态,由图 7-28(c)可见,i_C 随 u_{CE} 的增加迅速上升而与 i_B 不成比例,即 $i_C \neq \bar{\beta}i_B$,这一区域称为饱和区。常把 $u_{CE} \approx u_{BE}$ 定为放大状态与饱和状态的分界点,叫作临界饱和。在饱和区三极管的发射结和集电结均为正偏,三极管 C、E 之间的压降很小($u_{CE} < u_{BE}$)。把三极管工作在饱和区时 C、E 之间的压降称为饱和压降,记作 $U_{CE(on)}$,一般小功率三极管的 $U_{CE(on)} \leqslant 0.3$ V。

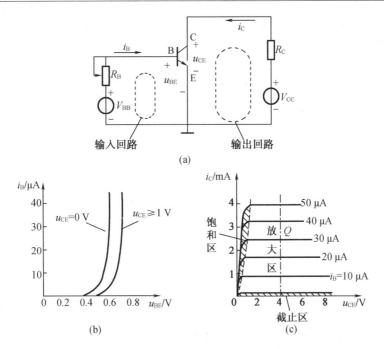

图 7 - 28　NPN 型三极管共发射极电路特性曲线

（a）电路；（b）输入特性曲线；（c）输出特性曲线簇

（3）温度对特性曲线的影响

温度对三极管特性曲线的影响较大，输入、输出特性曲线簇都随温度而变化。温度每升高 1 ℃，三极管的导通电压约减小 2 mV ~ 2.5 mV，因此输入特性曲线随温度升高而左移，如图 7 - 29（a）所示；温度每升高 10 ℃，I_{CBO} 约增大一倍，因此输出特性曲线随温度升高而上移。此外，温度每升高 1 ℃，$\bar{\beta}$ 值增大 0.5% ~ 1%，导致输出特性曲线间的间距随温度升高而增大，如图 7 - 29（b）所示。

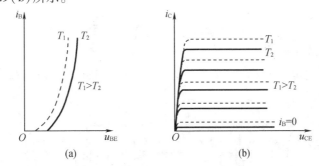

图 7 - 29　温度对三极管特性曲线的影响

（a）输入特性曲线；（b）输出特性曲线

3. 晶体三极管的主要参数

作为工程上选用三极管的依据，其主要参数有电流放大系数、极间反向电流及极限参数等。

（1）电流放大系数

①共发射极电流放大系数

直流电流放大系数 $\bar{\beta}$ 定义为三极管的集电极电流 I_C 与基极电流 I_B 之比，即

$$\bar{\beta} \approx \frac{I_C}{I_B} \tag{7-19}$$

$\bar{\beta}$ 有时用 h_{FE} 表示。

交流电流放大系数 β 定义为集电极电流的变化量 Δi_C 与基极电流的变化量 Δi_B 之比，即

$$\beta = \frac{\Delta i_C}{\Delta i_B} \tag{7-20}$$

β 有时用 h_{fe} 表示。

显然，$\bar{\beta}$ 和 β 的定义是不同的，$\bar{\beta}$ 反映静态（直流工作状态）时集电极电流与基极电流之比，而 β 反映动态（交流工作状态）时的电流放大特性。由于三极管特性曲线的非线性，各点的 $\bar{\beta}$ 值是不相同的，同理，各点的 β 值也不一定相等。但随着半导体器件制造工艺水平的提高，目前生产的小功率晶体管均具有良好的恒流特性和很小的穿透电流，曲线间距基本相等，因此，在实际应用中，当工作电流不十分大的情况下，可认为 $\bar{\beta} \approx \beta$，且为常数，故可混用，不需要加以区分。

【例 7-8】　如图 7-28（c）所示三极管输出特性曲线簇中，试求 $u_{CE} = 4$ V、$I_C = 2.45$ mA 时的 $\bar{\beta}$ 值和 β 值。

解　根据设定的工作点，由图 7-28（c）Q 点得 $I_C = 2.45$ mA，$I_B = 30$ μA，因此可得

$$\bar{\beta} = \frac{I_C}{I_B} = \frac{2.45 \times 10^{-3}}{30 \times 10^{-6}} \approx 82$$

作通过 Q 点的垂直线，取 $\Delta i_B = 30 - 20 = 10$ μA，则 $\Delta i_C = 2.45 - 1.65 = 0.8$ mA，故可得

$$\beta = \frac{\Delta i_C}{\Delta i_B} = \frac{0.8 \times 10^{-3}}{10 \times 10^{-6}} = 80$$

②共基极电流放大系数

如图 7-30 所示，以三极管的基极作为输入回路和输出回路的公共端，称为共基极电路。

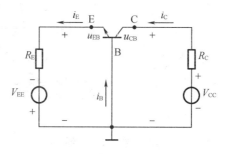

图 7-30　共基极电路

三极管的集电极电流 i_C 与发射极电流 i_E 之比，定义为共基极电路直流电流放大系

数 $\overline{\alpha}$。

一般情况下, $\overline{\alpha}$ 为常数,其值小于 1 但接近 1,一般在 0.98 以上。根据以上关系可以得到 α 与 β 的关系为

$$\alpha = \frac{\beta}{\beta + 1} \qquad\qquad (7-21)$$

（2）极间反向电流

三极管的极间反向电流有 I_{CBO} 和 I_{CEO},它们是衡量三极管质量的重要参数。

I_{CBO} 为发射极开路时集电极和基极之间的反向饱和电流。室温下,小功率硅管的 I_{CBO} 小于 1 μA,锗管的 I_{CBO} 约为几微安到几十微安。

I_{CEO} 为基极开路时集电极直通到发射极的电流,由于它是从集电区穿过基区流向发射区的电流,因此又叫作穿透电流。由前面讨论已知得

$$I_{CEO} = (1 + \beta)I_{CBO} \qquad\qquad (7-22)$$

I_{CBO} 和 I_{CEO} 均随温度的上升而增大,因此,它的大小反映了三极管的温度稳定性,其值越小,受温度的影响越小,三极管的工作状态越稳定。

（3）极限参数

极限参数是指三极管工作时允许加在各极上的最高工作电压和流经它的最大工作电流,以及集电极上允许耗散的最大功率。使用三极管时,若超过这些极限值,将会使管子性能变差,甚至损坏。

①集电极最大允许电流 I_{CM}

当集电极电流 i_C 过大时, β 将明显下降, I_{CM} 是指 β 明显下降时所对应的集电极最大允许电流。使用中若 $i_C > I_{CM}$,三极管不一定会损坏,但 β 明显下降。

②集电极最大允许功率损耗 P_{CM}

三极管工作时, u_{CE} 的大部分电压落在集电结上,因此,集电极功率损耗（简称功耗） $P_C = u_{CE}i_C$,近似为集电结功耗。集电极功率损耗将使集电结温度升高而使三极管发热。 P_{CM} 就是由允许的最高集电结温度决定的最大集电极功耗,工作时的 P_C 必须小于 P_{CM}。

③反向击穿电压 $U_{(BR)CEO}$、$U_{(BR)CBO}$、$U_{(BR)EBO}$

$U_{(BR)CEO}$ 为基极开路时,集电结不致击穿,允许施加在集电极 – 发射极之间的最高反向电压; $U_{(BR)CBO}$ 为发射极开路时,集电结不致击穿,允许施加在集电极 – 基极之间的最高反向电压; $U_{(BR)EBO}$ 为集电极开路时,发射结不致击穿,允许施加在发射极 – 基极之间的最高反向电压; $U_{(BR)CBO} > U_{(BR)CEO} > U_{(BR)EBO}$。

根据以上的三个极限参数 I_{CM}、P_{CM} 和 $U_{(BR)CEO}$ 可以确定三极管的安全工作区。例如,如图 7-31 所示, $I_{CM} = 25$ mA, $P_{CM} = 250$ mW, $U_{(BR)CEO} = 50$ V。三极管工作时必须保证工作在安全区内,并留有一定的裕量。

7.3.2　单极型三极管

单极型三极管又称场效应管（简称 FET）,其主要特点是输入电阻非常高,可达 $10^8 \sim 10^{15}$ Ω,另外还有噪声低、热稳定性好、抗辐射能力强、寿命长等优点。

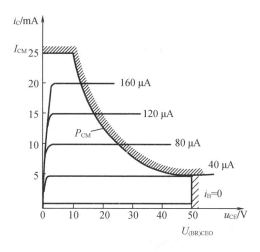

图 7-31　三极管的安全工作区

场效应管根据结构的不同,主要有结型场效应管(JFET)和金属-氧化物-半导体场效应管(MOSFET)两种类型。MOS 场效应管具有制造工艺简单、占用芯片面积小、器件特性便于控制,以及成品率高、成本低、功耗小等优点,因而广泛应用于集成电路中,特别是在大规模和超大规模集成电路中得到广泛的应用。本节主要介绍 MOS 场效应管。

1. MOS 场效应管

MOS 场效应管有增强型和耗尽型两类,每类又有 N 沟道和 P 沟道两种。由于它们的工作原理相同,因此这里以增强型 N 沟道 MOS 场效应管为例,讨论 MOS 管的特性。

(1)增强型 N 沟道 MOS 场效应管

增强型 N 沟道 MOS 场效应管的结构示意图及电路符号如图 7-32 所示。它以一块掺杂浓度较低的 P 型硅片作衬底,在衬底上面的左、右两侧利用扩散的方法形成两个高掺杂的 N^+ 区,并用金属铝引出两个电极,作为源极 S 和漏极 D,然后在硅片表面涂一层很薄的二氧化硅(SiO_2)绝缘层,在漏源极之间的绝缘层上再喷一层金属铝作为栅极 G,另外在衬底引出衬底引线 B(它通常已在管内与源极相连)。可见,这种场效应管由金属、氧化物及半导体组成,故简称 MOS 场效应管。

栅极与源极、漏极由于均无电的接触,故称为绝缘栅极。增强型 N 沟道 MOS 场效应管的电路符号如图 7-32(b)所示。图中,衬底 B 的箭头方向是 PN 结加正偏时的电流方向。

(2)耗尽型 N 沟道 MOS 场效应管

耗尽型 N 沟道 MOS 场效应管的结构与增强型 N 沟道 MOS 场效应管基本相同,但是在制造耗尽型 N 沟道 MOS 场效应管时,在二氧化硅(SiO_2)绝缘层中掺入了大量的正离子,由于正离子的作用,使漏源间的 P 型衬底表面在 $u_{GS}=0$ 时已感应出 N 型反型层,形成导电沟道,如图 7-33(a)所示,其电路符号如图 7-33(b)所示。

(3)P 沟道 MOS 场效应管

P 沟道 MOS 场效应管的结构、工作原理与 N 沟道 MOS 场效应管相似。P 沟道 MOS 场效应管以 N 型半导体硅为衬底,两个 P^+ 区分别作为源极和漏极,导电沟道为 P 型反型层。使用时 u_{GS}、u_{DS} 的极性与 N 沟道 MOS 场效应管相反,漏极电流 i_D 的方向也相反,即由源极流向漏极。

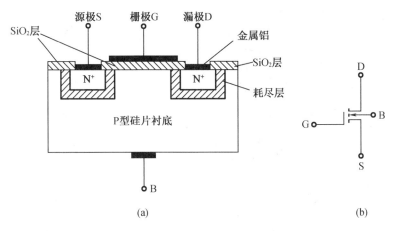

图 7-32 增强型 N 沟道 MOS 场效应管

(a)结构示意图;(b)电路符号

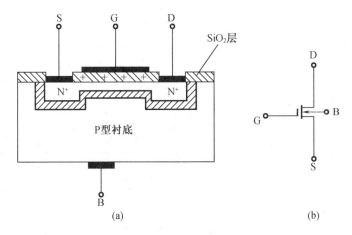

图 7-33 耗尽型 N 沟道 MOS 场效应管

(a)结构示意图;(b)电路符号

P 沟道 MOS 场效应管也有增强型和耗尽型两种,其电路符号和相应的特性曲线如表 7-1 中所示。为了便于比较,将各种场效应管的符号、工作电压极性和特性曲线对应地画在表 7-1 中。

2.结型场效应管

结型场效应管同 MOS 管一样,也是电压控制器件,但它的结构及工作原理与 MOS 管是不相同的。

P 沟道结型场效应管的结构与 N 沟道结型场效应管相似,但导电沟道是 P 区,栅极由两个 β 区引出,它的电路符号、转移特性和输出特性均示于表 7-1 中,N 沟道结型场效应管如图 7-34 所示。

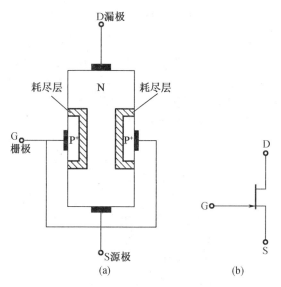

图 7－34　N 沟道结型场效应管

（a）结构示意图；（b）电路符号

3.场效应管的主要参数

各种场效应管的符号、工作电压极性及特性曲线如表 7－1 所示。

表 7－1　各种场效应管的符号、工作电压极性及特性曲线

类型		符号	工作电压极性要求	转移特性	输出特性
NMOS 管	增强型	（D i_D G B S）	$u_{GS} > 0$ $u_{DS} > 0$	i_D ／ O $U_{GS(th)}$ u_{GS}	i_D $u_{GS} > U_{GS(th)}$ $u_{GS} = U_{GS(th)}$ O u_{DS}
	耗尽型	（D i_D G B S）	$u_{DS} > 0$	i_D I_{DSS} $U_{GS(off)}$ O u_{DS}	i_D $u_{GS} > 0$ V $u_{GS} = 0$ V $u_{GS} < 0$ V $u_{GS} = U_{GS(off)}$ O u_{DS}

表 7 - 1(续)

类型		符号	工作电压极性要求	转移特性	输出特性
PMOS 管	增强型	D i_D G ○—┤├—○B S	$u_{GS} < 0$ $u_{DS} < 0$	i_D, $U_{GS(th)}$, O, u_{GS}	i_D, $u_{GS} < U_{GS(th)}$, $u_{GS} = U_{GS(th)}$, O, u_{DS}
	耗尽型	D i_D G ○—┤├—○B S (d_1)	$u_{DS} < 0$	i_D, O, $U_{GS(off)}$, u_{GS}, I_{DSS}	i_D, $u_{GS} < 0\ V$, $u_{GS} = 0\ V$, $u_{GS} > 0\ V$, $u_{GS} = U_{GS(off)}$, O, u_{DS}
结型	N 沟道	D i_D G ○—→┤ S	$u_{GS} \leqslant 0$ $u_{DS} > 0$	i_D, I_{DSS}, $U_{GS(off)}$, O, u_{GS}	i_D, $u_{GS} = 0\ V$, $U_{GS(off)} < u_{GS} < 0\ V$, $u_{GS} = U_{GS(off)}$, O, u_{DS}
	P 沟道	D i_D G ○←——┤ S	$u_{GS} \geqslant 0$ $u_{DS} < 0$	i_D, O, $U_{GS(off)}$, u_{GS}, I_{DSS}	i_D, $u_{GS} = 0\ V$, $U_{GS(off)} > u_{GS} > 0\ V$, $u_{GS} = U_{GS(off)}$, O, u_{DS}

7.3.3 三极管电路的基本分析方法

利用三极管外接电源、电阻等电路元件,可实现各种功能电路。由于三极管为非线性器件,因此对这些电路进行分析时,往往根据电路功能及外界条件采用适当的近似方法,以获得工程上满意的效果。若只研究在直流电源作用下,电路中各直流量的大小称为直流分析(或静态分析),由此而确定的各极直流电压和电流称为直流工作点(或静态工作点)参量。当外电路接入交流信号后,为了确定叠加在静态工作点上的各交流量而进行的分析,称为交流分析(或动态分析)。直流分析和交流分析均可采用图解分析法,但在工程应用中作直流分析时,一般采用工程近似分析方法;做交流分析时,若外接交流信号足够小,采用小信号等效电路分析法,大信号输入时采用图解分析法。

1. 直流分析(工程近似分析法为例)

在晶体三极管的输入回路中,由三极管的输入特性可知,u_{BE} 大于导通电压后,u_{BE} 很小的变化就会引起 i_B 很大的变化,因此,三极管导通后输入特性具有恒压特性。三极管的输入电流近似等于

$$I_{BQ} \approx \frac{V_{BB} - U_{BE(on)}}{R_B} \tag{7-23}$$

式中 $U_{BE(on)}$——三极管的导通电压,硅管 $U_{BE(on)} = 0.7\ \text{V}$。

将图 7-35(a)中已知数代入式(7-23),可得

$$I_{BQ} = \frac{3 - 0.7}{115 \times 10^3} = 0.02\ \text{mA} = 20\ \mu\text{A}$$

这与图解法求得的结果是一致的。

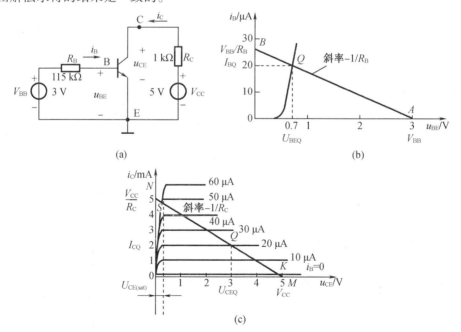

(a)

(b)

(c)

图 7-35 晶体三极管直流电路图解分析

(a)电路;(b)输入回路图解;(c)输出回路图解

对于输出回路,由图 7 – 35(c)可得三极管的电流放大系数 $\overline{\beta} = 100$,因此,可求得

$$I_{CQ} = \overline{\beta} I_{BQ} = 100 \times 20 \times 10^{-6} = 2 \text{ mA}$$

$$U_{CEQ} = V_{CC} - I_{CQ} R_C = 5 - 2 \times 10^{-3} \times 1 \times 10^3 = 3 \text{ V}$$

【例 7 – 9】　将如图 7 – 35(a)所示三极管电路中的基极电阻 R_B 调整为 38 kΩ,三极管的输出特性仍如图 7 – 35(c)所示。试求 V_{BB} 分别为 0 V 和 3 V 时输出电路中的 i_C 及 u_{CE} 的大小。

解　先根据 R_C 及 V_{CC} 的值,在输出特性曲线中做出直流负载线 MN,如图 7 – 35(c)所示。

当 $V_{BB} = 0$ V 时,三极管发射结为零偏置,故 $i_B = 0$,从输出特性曲线上找到 $i_B = 0$ 的曲线与直流负载线 MN 相交于 K 点,测得 $i_C \approx 0$,$u_{CE} \approx 5$ V。此时,三极管处于截止状态。

当 $V_{BB} = 3$ V 时,由图 7 – 35(a)所示可求得

$$i_B = \frac{V_{BB} - U_{BE(on)}}{R_B} = \frac{3 - 0.7}{38 \times 10^3} \approx 0.06 \text{ mA} = 60 \text{ μA}$$

在输出特性曲线中找到 $i_B = 60$ μA 的曲线与直流负载线的交点为 S,此时三极管工作在饱和区。由图可知,当 $i_B > 50$ μA 以后,i_C 基本上不随 i_B 的增加而增加。此时,三极管的 $i_C \approx 4.7$ mA,$u_{CE} = U_{CE(sat)} \approx 0.3$ V,或近似估算为 $i_C \approx \dfrac{V_{CC}}{R_C} = 5$ mA,$u_{CE} = U_{CE(sat)} \approx 0$。

以上分析结果说明,三极管分别处于截止和饱和导通状态。当 $V_{BB} \leqslant 0$ V 时,三极管截止,$i_B = 0$,$i_C = 0$,$u_{CE} = 0.3$ V,三极管三个电极可视为开路,可用如图 7 – 36(a)所示开关 S 断开来等效;当 V_{BB} 足够大,三极管处于饱和导通状态时,$u_{CE} \approx 0$,$i_C \approx \dfrac{V_{CC}}{R_C}$,三极管 C、E 电极可视为短路,可用如图 7 – 36(b)所示开关闭合来等效。

实际电路中,因作图较麻烦,一般都采用近似估算法来确定三极管是否处于饱和工作状态。将临界饱和时流过三极管的集电极电流称为临界饱和电流,并用 I_{CS} 表示。由以上分析可知

$$I_{CS} = \frac{V_{CC} - U_{CE(sat)}}{R_C} \approx \frac{V_{CC}}{R_C} \qquad (7 - 24)$$

根据式(7 – 19)可求得维持临界饱和电流 I_{CS} 所需的最小基极电流 I_{BS} 为

$$I_{BS} = \frac{I_{CS}}{\beta} \qquad (7 - 25)$$

这就是说,若要三极管饱和,基极电流必须满足

$$i_B \geqslant I_{BS} = \frac{I_{CS}}{\beta} \approx \frac{V_{CC}}{\beta R_C} \qquad (7 - 26)$$

对于如图 7 – 35(a)所示的电路,其饱和电流为

$$I_{CS} \approx \frac{5}{1 \times 10^3} = 5 \text{ mA}$$

因此

$$I_{BS} = \frac{5 \times 10^{-3}}{100} = 50 \text{ μA}$$

另外,由近似估算法可求得 $V_{BB} = 3$ V、$R_B = 38$ kΩ 时的基极电流 $i_B = 60$ μA,其值大于

$I_{BS}(50\ \mu A)$,因此,可以判定三极管工作在饱和状态,应用如图 7-36(b)所示等效电路可求得

$$u_{CE} \approx 0\ V, i_C \approx 5\ mA$$

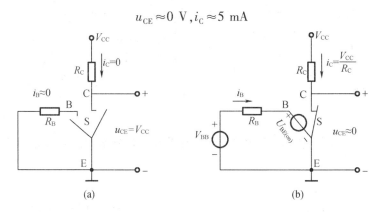

(a)   (b)

图 7-36 三极管的开关等效电路

(a)截止状态;(b)饱和导通状态

2. 交流分析(以小信号等效电路分析法为例)

三极管电路接通直流电源 V_{CC} 和 V_{BB} 后,在输入端加入小信号交流电压,如图 7-37 所示,三极管各极电压、电流将在直流值的基础上随输入信号的变化而变化,此时,三极管处于动态工作状态。用图解法进行交流分析具有直观的优点,但图解法较麻烦,而且输入信号过小时,作图的精度较低。当输入交流信号足够小时,通常用三极管的小信号电路模型进行交流分析。

根据上面对三极管电路的交流图解分析可知,当输入交流信号很小时,三极管的动态工作点可认为在线性范围内变动,这时三极管各极交流电压、电流的关系近似为线性关系,这样就可把三极管特性线性化,用一个小信号电路模型来等效。

当输入交流信号很小时,可将静态工作点 Q 附近一段曲线当作直线,因此,当 u_{CE} 为常数时,输入电压的变化量 Δu_{BE}(即交流量 u_{be})与输入电流的变化量 Δi_B(即交流量 i_b)之比为一个常数,可用符号 r_{be} 表示,即

$$r_{be} = \frac{\Delta u_{BE}}{\Delta i_B}\bigg|_{u_{CE}=常数} = \frac{u_{be}}{i_b}\bigg|_{u_{CE}=常数} \tag{7-27}$$

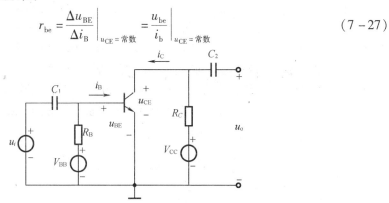

图 7-37 三极管电路中输入交流信号

r_{be} 称为三极管输出端交流短路时的输入电阻(也常用 h_{ie} 表示),其值与三极管的静态工

作点 Q 有关。工程上 r_{be} 可用下面的公式进行估算,得

$$r_{be} = r_{bb'} + (1 + \beta)r_e \qquad (7-28)$$

式中 $r_{bb'}$ ——三极管的基区体电阻,对于低频小功率管,$r_{bb'}$ 约为 200 Ω 左右。r_e 为发射结电阻,根据 PN 结伏安特性,可导出 $r_e = \dfrac{U_T(\mathrm{mV})}{I_{EQ}(\mathrm{mA})}$。$U_T$ 为温度电压当量,前已述及在室温 (300 K)时,其值约为 26 mV。这样式(7-28)可写成

$$r_{be} = 200\ \Omega + (1+\beta)\frac{26\ \mathrm{mV}}{I_{EQ}(\mathrm{mA})} \qquad (7-29)$$

实验表明,I_{EQ} 过小或过大时,用式(7-29)计算 r_{be} 将会产生较大的误差。对于交流信号来说,如图 7-38(a)所示为三极管 H 参数小信号电路模型,三极管 B、E 之间可用线性电阻 r_{be} 来等效,H 参数等效电路模型如图 7-38(b)所示。

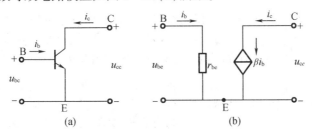

图 7-38 三极管 H 参数小信号电路模型
(a)三极管双口网络;(b)H 参数等效简化电路模型

在放大区,三极管的输出特性可近似看成一组与横轴平行、间隔均匀的直线。当 u_{CE} 为常数时,集电极输出电流 i_C 的变化量 Δi_C(即交流量 i_c)与输入基极电流 i_B 的变化量 Δi_B(即 i_b)之比为常数,即

$$\beta = \frac{\Delta i_C}{\Delta i_B}\bigg|_{u_{CE}=常数} = \frac{i_c}{i_b}\bigg|_{u_{CE}=常数} \qquad (7-30)$$

β 是三极管输出端交流短路时的电流放大系数。这说明三极管处于放大状态时,C、E 间可用一个输出电流为 βi_b 的电流源表示。它不是一个独立的电源,而是一个大小及方向均受 i_b 控制的受控电流源。因此,三极管处于小信号放大状态时,它的 H 参数简化电路模型如图 7-38(b)所示。这是把三极管特性线性化后的现行电路模型,可用来分析计算三极管电路的小信号交流特性,从而使复杂电路的计算大为简化。

本 章 小 结

1. 半导体有自由电子和空穴两种载流子参与导电。本征半导体的载流子由本征激发产生,电子和空穴成对出现,其浓度随温度升高而增加。杂质半导体的多子主要由掺杂产生,浓度很大且基本不受温度影响,少子由本征激发产生。杂质半导体的导电性能主要由多子浓度决定,因此导电性能比本征半导体大大改善。本征半导体中掺入五价元素杂质,则成为 N 型半导体,N 型半导体中电子是多子,空穴是少子;本征半导体中掺入三价元素杂

质,则成为 P 型半导体,P 型半导体中空穴是多子,电子是少子。

2. PN 结零偏时扩散运动和漂移运动达到动态平衡。通过 PN 结的总电流为零,PN 结正偏时,正向电流主要由多子的扩散运动形成,其值较大且随着正偏电压的增加迅速增大,PN 结处于导通状态;PN 结反偏时,反向电流主要由少子的漂移运动形成,其值很小,且基本不随反偏电压而变化,但随温度变化较大,PN 结处于截止状态。因此,PN 结具有单向导电性。反偏电压超过反向击穿电压值后,PN 结被反向击穿,单向导电性被破坏。

3. 二极管由 PN 结构成,其伏安特性的表达式为 $i_D = I_S(e^{\frac{u_D}{U_T}} - 1)$。硅二极管的正向导通电压 $U_{D(on)} \approx 0.7$ V,锗管 $U_{D(on)} \approx 0.2$ V。普通二极管主要参数是最大整流电流和最高反向工作电压,使用中还应注意二极管的最高工作频率和反向电流,硅管的反向电流比锗管的反向电流小得多。温度对二极管的特性有显著影响,在室温附近,温度每升高 10 ℃,反向电流约增大一倍,温度每升高 1 ℃,正向压降约减小 2 mA ~ 2.5 mA。

4. 普通二极管电路的分析主要采用模型分析法。在大信号状态下,往往将二极管等效为理想二极管。正偏时导通,电压降为零,相当于理想开关闭合;反偏时截止,电流为零,相当于理想开关断开。

5. 稳压二极管、发光与光电二极管结构与普通二极管类似,均由 PN 结构成。稳压二极管工作在反向击穿区,主要用途是稳压,而发光与光电二极管是用来实现光、电信号转换的半导体器件,它在信号处理、传输中获得了广泛的应用。

6. 三极管是具有放大作用的半导体器件,根据结构及工作原理的不同可分为双极型和单极型。双极型三极管(简称 BJT)又称晶体三极管,它工作时有空穴和自由电子两种载流子参与导电,而单极型三极管又称场效应管(简称 FET),工作时只有一种载流子(多数载流子)参与导电。

7. 晶体三极管是由两个 PN 结组成的有源三端器件,分为 NPN 和 PNP 两种类型,根据材料不同有硅管和锗管之分。晶体三极管中三个电极电流之间的关系为:$i_C = \beta i_B + I_{CEO} \approx \beta i_B$,$i_E = i_C + i_B$,$i_C$、$i_E$、$i_B$ 分别为集电极、发射极、基极的电流,I_{CEO} 为穿透电流,β 为共发射极电流放大系数,它们是晶体三极管的基本参数。

8. 晶体三极管因偏置条件不同,有放大、截止、饱和三种工作状态。

放大状态的偏置条件为发射结正偏,集电结反偏,其工作特点为 $i_C \approx \beta i_B$,即 i_C 具有恒流特性,三极管具有线性放大作用;截止状态的偏置条件为发射结零偏或反偏,集电结反偏;其工作特点为 $i_B \approx 0$,$i_C \approx 0$;饱和状态的偏置条件为发射结正偏,集电结正偏,其工作特点为 $u_{CE} < u_{BE}$(小功率管 $u_{CE(sat)} \approx 0.3$ V),$i_C < \beta i_B$,i_C 不受 i_B 控制,而随 u_{CE} 增大迅速增大。

9. 使用晶体三极管时应注意管子的极限参数 I_{CM}、P_{CM} 和 $U_{(BR)CEO}$,来防止三极管损坏或性能变劣,同时,还要注意温度对三极管特性的影响,I_{CEO} 越小的管子,其稳定性就越好。由于硅管温度稳定性比锗管好得多,因此,目前电路中一般都采用硅管。

10. 场效应管是利用栅源电压改变导电沟道的宽窄而实现对漏极电流的控制的,由于输入电流极小,故称为电压控制电流器件。场效应管有耗尽型和增强型,耗尽型管在 $u_{GS} = 0$ 时存在导电沟道,而增强型只有在栅源电压值大于开启电压后,才会形成导电沟道。由于场效应管种类较多,要注意它们的区别。MOS 场效应管具有制造工艺简单的优点而被广泛应用于集成电路中。

11. 在三极管电路中,只研究直流电源作用下电路中各直流量大小问题的称为直流分析(或静态分析),由此确定的各极直流电压和电流称为静态工作点参数。当外电路接入交流信号后,为了确定叠加在静态工作点上各交流量而进行的分析称为交流分析(或动态分析)。在工程应用中,通常令三极管的导通电压 $U_{BE(on)} \approx 0.7$ V(硅管、锗管令 $U_{BE(on)} \approx 0.2$ V)来进行静态工作点的计算,既准确又十分简便。小信号交流分析时采用三极管的小信号等效电路模型,它是将三极管的非线性特征性局部线性化后得到的线性等效电路。

习　题

7-1　电路如图 7-39 所示,设二极管为理想二极管,试判断在下列情况下,电路中二极管是导通还是截止,并试求出 AO 两端电压 U_{AO}。

(1) $V_{DD_1} = 6$ V,$V_{DD_2} = 12$ V;

(2) $V_{DD_1} = 6$ V,$V_{DD_2} = -12$ V;

(3) $V_{DD_1} = -6$ V,$V_{DD_2} = -12$ V。

7-2　二极管电路如图 7-40 所示,二极管的导通电压 $U_{D(on)} = 0.7$ V,试分别求出 R 为 1 kΩ 和 4 kΩ 时,电路中电流 I_1、I_2、I_o 和输出电压 U_o。

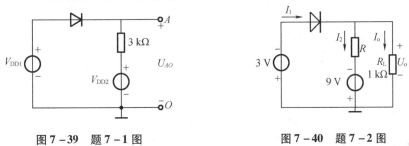

图 7-39　题 7-1 图　　　　　　图 7-40　题 7-2 图

7-3　设二极管为理想的,试判断如图 7-41 所示电路中各二极管是导通还是截止,并试求出 AO 两端电压 U_{AO}。

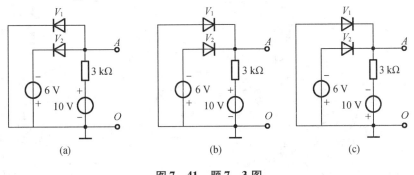

(a)　　　　　　　(b)　　　　　　　(c)

图 7-41　题 7-3 图

7-4　图 7-42 中各管均为硅管,试判断其工作状态。

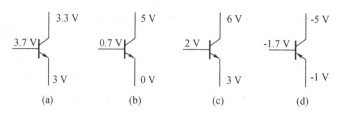

图 7 - 42　题 7 - 4 图

7 - 5　两只处于放大状态的三极管,测得①、②、③脚对地电位分别为 - 8 V、- 3 V、- 3.2 V 和 3 V、12 V、3.7 V,试判断管脚名称,并说明是 PNP 型管还是 NPN 型管,是硅管还是锗管?

7 - 6　图 7 - 43 中三极管均为硅管,$\beta = 100$,试求出各电路的 I_B、I_C、U_{CE},判断各三极管工作在什么状态。

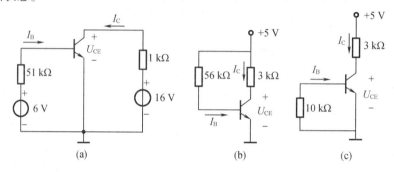

图 7 - 43　题 7 - 6 图

7 - 7　硅三极管电路如图 7 - 44 所示,已知晶体管的 $\beta = 100$,当 R_B 分别为 100 kΩ、51 kΩ 时,试求出三极管的 I_B,I_C 及 U_{CE}。

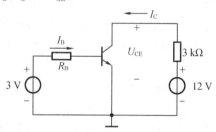

图 7 - 44　题 7 - 7 图

第8章

基本放大器

8.1 基本放大电路的组成及其各种元件的作用

如图 8-1 所示是一个简单的单管交流放大器,它是最基本的交流放大电路,其输入端接需要放大的信号(通常可用一个理想电压源 U_S 和电阻 R_S 串联表示),它可以是收音机自天线收到的包含声音信息的微弱电信号,也可以是某种传感器根据被测量转换出的微弱电信号。现定义信号源的输出电压即放大器的输入电压为 U_i,放大器的输出端接负载电阻 R_L,输出电压为 U_o。

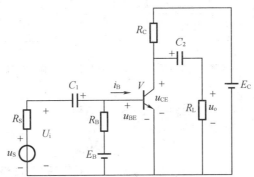

图 8-1 单管交流放大器

放大器中各元件的作用如下。

1. 晶体管 V

它是放大(控制)元件,是放大器的核心。利用它的电流控制作用,实现用微小的输入电压变化引起基极电流变化,控制电源 E_C 在输出回路中产生较大与输入信号成比例变化的集电极电流,从而在负载上获得比输入信号幅度大得多但又与其成比例的输出信号。

2. 集电极电源 E_C

它的作用有两个:一是在受输入信号控制的晶体管的作用下,适时的向负载提供能量;二是保证晶体管工作在放大状态,即集电极反偏。E_C 将一般小信号经放大器放大为几伏至几十伏。

3. 集电极负载电阻 R_C

它可以是一个实际的电阻,也可以是继电器、发光二极管等器件。当它是一个实际电阻时,其作用主要是将集电极的电流变化变换成集电极的电位变化,以实现电压放大。R_C 的阻值一般为几千欧到几十千欧。当它是继电器、发光二极管等器件时,可作为直流负载使用,同时也可以是执行元件或能量转换元件。

4. 基极电源 E_B 和基极电阻 R_B

它们的作用是使管子的发射结处于正向偏置,并提供适当的静态基极电流 i_B(简称偏流),以保证晶体管工作在放大区,并有合适的工作点。R_B 的阻值一般为几十千欧到几百千欧。

5. 耦合电容 C_1 和 C_2

它们分别接在放大电路的输入端和输出端。由于电容器对交流信号的阻抗很小,而对直流信号的阻抗很大,利用它的这一特性来耦合交流信号,隔断直流信号,使放大器与信号源、负载之间的不同大小的直流电压互相不产生干扰,但又能够把信号源提供的交流信号传递给放大器,放大后再传递给负载。这样,便保证了信号源、放大器、负载均能正常工作。C_1 和 C_2 的容量一般为几微法至几十微法,由于容量大,通常采用电解电容,连接时需注意其极性,正极接高电位端,负极接低电位端,同时还要注意电压不能小于接入两点间可能出现的最高电压。

在实用放大电路中,一般都采用单电源供电,如图 8 – 2 所示。只要适当调整 R_B 的阻值,仍可保证发射结正向偏置,产生合适的基极偏置电流 i_B。

在放大电路中,通常把公共端设为参考点,设其为零电位,而该端常接"地"。同时,为了简化电路的画法,习惯上不画电源 E_C 的符号,而只是连接电源正极的一端标出它对参考点"地"的电压值 V_{CC} 和极性("+"或"–"),如图 8 – 3 所示。

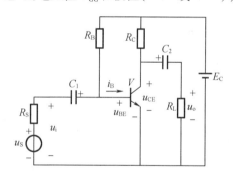
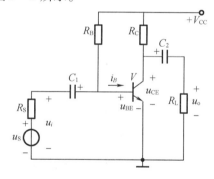

图 8 – 2　实用放大电路图　　　　图 8 – 3　放大电路的简化电路画法

8.2　放大电路的静态分析

放大电路在没加输入信号,即 $u_i = 0$ 时,电路所处的工作状态叫作静止工作状态,简称静态,也就是放大电路的直流状态。这是电路仅有直流电源 E_C 的作用。

进行静态分析的目的是找出放大电路的静态工作点,静态时电路中的 I_B、U_{BF}、I_C、U_{CE} 的数值就叫作放大电路的静态工作点。静态工作点是放大电路工作的基础,它设置得合理及稳定与否,将直接影响放大电路的工作状况及性能质量。要分析一个给定放大电路的静态工作点,可利用其直流通路图用解析的方法来计算,也可以利用晶体管的特性曲线图,用图解分析的方法求得。下面仅介绍解析分析法。

如图 8-3 所示放大电路,由于电容 C_1、C_2 对直流阻抗非常大,因此在只有直流电源作用的情况下相当于开路。如图 8-3 所示电路静态时直流通路图如图 8-4 所示。

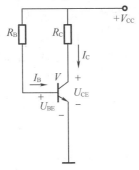

图 8-4　电路静态时直流通路图

由图 8-4 所示,根据基尔霍夫第二定律可得出静态时的基极电流为

$$I_B = \frac{V_{CC} - U_{BE}}{R_B} \approx \frac{V_{CC}}{R_B} \tag{8-1}$$

由于 U_{BE}(硅管约为 0.6 V)比 V_{CC} 小得多,故可忽略不计。由 I_B 可得出静态时的集电极电流为

$$I_C = \bar{\beta}I_B + I_{CEO} \approx \beta I_B \tag{8-2}$$

静态时的集射极电压为

$$U_{CE} = V_{CC} - I_C \tag{8-3}$$

【例 8-1】　在图 8-3 中,已知 $V_{CC} = 10$ V,$R_B = 250$ kΩ,$R_C = 3$ kΩ,$\beta = 50$,试求放大电路的静态工作点。

解　根据直流通路图可得出

$$I_B \approx \frac{V_{CC}}{R_B} = \frac{10}{250} = 0.04 \text{ mA}$$

$$I_C \approx \beta I_B = 50 \times 0.04 = 2 \text{ mA}$$

$$U_{CE} = V_{CC} - I_C R_C = 10 - 2 \times 3 = 4 \text{ V}$$

经计算获得静态工作点后,可在静态条件下,测量晶体管的 U_C、U_B、U_E 等电压参数。经对比就可以判断被测的晶体管工作是否正常。

8.3　放大电路的动态分析

8.3.1　放大电路的动态工作情况

当放大电路有输入信号,即 $U_i \neq 0$ 时的工作状态称为动态。放大电路在动态情况下是如何工作的,可以通过如下叙述说明。

当没有交流信号输入时,电路处于静态,虽然晶体管中有电流流过,但处于一种稳定状态。在输出电容器的作用下,负载中没有电流流过。

当电路有交变输入信号时,该信号参数将与静态参数叠加,使晶体管工作点随输入信号的变化而相应的移动,从而引起晶体管基极—发射极电压、基极电流、集电极—发射极电压、集电极电流均随输入信号按一定比例变化。集电极—发射极的电压变化,输出电容器电压也随之变化,从而使负载电流和电压变化。由于较小的输入电压(也就是基极—发射极电压的变化量)变化,能导致较大的集电极电流变化,因此,负载电流和电压可以比输入电压大得多。其实质是利用输入信号的微弱能量改变晶体管发射结的宽度,从而引起通过晶体管集电极—发射极的载流子数量变化,使控制电源按输入信号的能量变化成比例地向负载提供能量。

8.3.2　放大电路中各电压、电流的定义

对放大电路进行动态分析的目的主要是获得用元件参数表示的放大电路的电压放大倍数、输入电阻和输出电阻,以便知道该放大器对输入信号的放大能力与信号源及负载进行最佳匹配的条件。

放大电路的动态情况是在静态的基础上,在输入端加交流电压信号 $u_i = U_m \sin \omega t$,由于耦合电容 C_1、C_2 取值较大,其容抗很小,因此对交流信号可视为短路。u_i 相当于直接加到晶体管的发射结上,发射结实际电压为静态值 U_{BE} 叠加上交流电压 U_i,即

$$u_{BE} = U_{BE} + u_i \tag{8-4}$$

式中　u_{BE}——发射结电压瞬时值;

　　　　U_{BE}——发射结电压静态值;

　　　　u_i——交流输入电压瞬时值。

为了区分这几种情况,在以后的分析中用小写的字母大写的下标表示含有直流量的总瞬时值;用大写的字母大写的下标表示静态值;用小写的字母小写的下标表示交流分量瞬时值。u_{BE} 的变化引起基极电流相应变化,即

$$i_B = I_B + i_b \tag{8-5}$$

i_B 的变化引起集电极电流相应变化,即

$$i_C = I_C + i_c \tag{8-6}$$

i_C 的变化引起集电极电压的变化,即

$$u_{CE} = V_{CC} - i_C R_C \tag{8-7}$$

当 i_C 增大时,u_{CE} 减小,即 u_{CE} 的变化与 i_C 相反,因此经过耦合电容 C_2 传达到输出端的输出电压 u_o 与 u_i 反相。只要电路参数选取适当,u_o 的幅值将比 u_i 的幅值大得多,达到放大的目的。各处电流、电压波形如图 8-5 所示。

动态分析是在静态值确定后分析信号的传输情况,考虑的只是电压、电流的交流分量。分析的基本方法有微变等效电路法和图解法两种,下面仅介绍微变等效电路法。

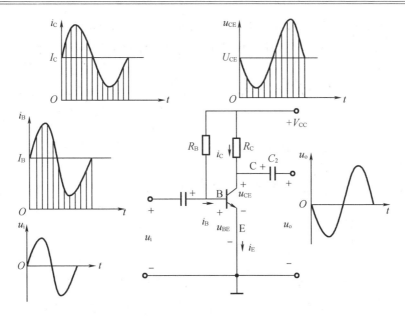

图 8 - 5　各处电流、电压波形图

8.3.3　微变等效电路法

晶体管是非线性元件,这可以从它的输入、输出特性曲线看出,这给放大电路的分析与计算带来很多不便,在电路分析中学过的各种线性电路的分析方法均不能使用。若能使非线性的晶体管等效成一个线性元件,则前面学的各种线性电路的分析方法就能有效地运用于这种电路的分析中。放大电路,特别是电压放大电路,一般都工作在小信号状态,也就是说工作点在特性曲线上的移动范围很小。当工作点在特性曲线上小范围内运动时,虽然晶体管仍工作于非线性状态,但这时工作点的运动轨迹已接近直线,也就是说对工作于这种状态下的晶体管,若采用它的等效线性模型来分析,得到的结果与使用非线性模型分析得到的结果仅有很小的误差。对工程计算来说,这样的误差是允许的。这为含有晶体管这样非线性元件工作在小信号条件下的电路分析增加了有效的工具。

1. 晶体管的微变等效电路

在小信号的条件下,用某种线性元件组合的电路模型来等效非线性的晶体管,称为晶体管的微变等效电路。如何把晶体管用一个线性元件的组合电路来等效,可以从晶体管的输入特性和输出特性两个方面来分析讨论。

如图 8 - 6(a)所示是晶体管的输入特性曲线,它是非线性的。当输入信号很小时,在静态工作点 Q 附近的工作段可近似认为是直线,能最有效地表示这段曲线的直线是工作点处的切线。该切线的斜率可以用 $\dfrac{\Delta I_B}{\Delta U_{BE}}$ 表示,也就是说,该比值是一个常数。在小信号条件下,ΔU_{BE} 就近似等于 u_{be},而 ΔI_B 就近似等于 i_b,因此,工作在小信号条件下的晶体管 B、E 之间的伏安关系可以表示成

$$r_{be} = \frac{\Delta U_{BE}}{\Delta I_B} = \frac{u_{be}}{i_b} \tag{8-8}$$

称此常数 r_{be} 为晶体管的输入电阻,因此,对工作在小信号条件下的晶体管,B、E 之间可用一个线性电阻来等效代替,如图 8 – 7 所示。对于同一个晶体管,它的静态工作点不同,r_{be} 值也不同。

对于低频小功率晶体管的输入电阻,工程上常表示为

$$r_{be} = 300 + (1 + \beta) \frac{26 \text{ mV}}{I_E(\text{mA})} \tag{8–9}$$

式中　I_E——发射极电流静态值,单位为 mA。r_{be} 一般为几百欧到几千欧。它是一个动态电阻,在晶体管器件手册中常用 h_{ie} 表示。

图 8 – 6(b)是晶体管的输出特性曲线,在放大区是一簇近似于横轴平行的直线。

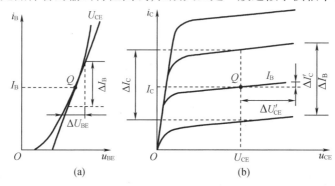

图 8 – 6　晶体管的特性曲线

(a)输入特性曲线;(b)输出特性曲线

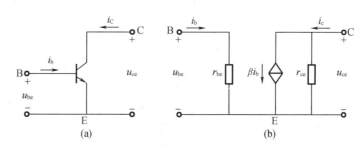

图 8 – 7　晶体管的等效电路

(a)晶体管;(b)简化小信号模型

当 U_{CE} 为常数时,ΔI_C 的大小主要与 ΔI_B 的大小有关。在小信号的条件下,ΔI_C 与 ΔI_B 基本呈线性关系,其比例系数 β 是一个常数,即

$$\beta = \frac{\Delta I_C}{\Delta I_B}$$

β 为晶体管的电流放大系数。由它确定 i_e 受 i_b 控制的关系,因此,晶体管的输出电路可用一个 $i_e = \beta i_b$ 的受控电流源来等效代替。

由图 8 – 6(b)可见,晶体管的输出特性曲线并不完全与横轴平行,当 I_B 为常数时,$\Delta U'_{CE}$ 与 $\Delta I'_C$ 之比为

$$r_{ce} = \frac{\Delta U'_{CE}}{\Delta I'_C} = \frac{u_{ce}}{i_c} \tag{8–10}$$

式中　r_{ce}——晶体管的输出电阻，r_{ce} 与 $i_c = \beta i_b$ 的受控源并联，也就是受控电流源的内阻。由于阻值很高，约几十千欧至几百千欧，因此在简化的微变等效电路中常把它忽略。

2. 放大电路的微变等效电路

微变等效电路是对交流信号而言的，只考虑交流电源(信号源)作用的放大电路称为交流通路。对交流而言，电容 C_1、C_2 可视为短路，直流电源 V_{CC} 因其内阻很小也可视为短路，据此可画出放大电路的交流通路，如图 8 – 8(a) 所示。

把交流通路中的晶体管用微变等效电路代替，即得到放大电路的微变等效电路，如图 8 – 8(b) 所示。电路中的电压和电流都是交流分量，并表示了电压和电流的参考方向。

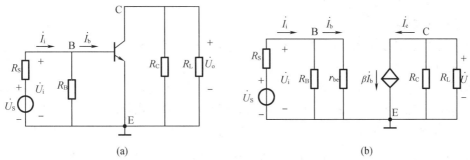

图 8 – 8　放大电路的交流通路及微变等效电路

(a)放大电路的交流通路；(b)微变等效电路

3. 电压放大倍数 A_u 的计算

下面以如图 8 – 8 所示的交流放大电路为例，用如图 8 – 8(b) 所示的微变等效电路来进行电压放大倍数、输入电阻、输出电阻的计算。

放大电路的电压放大倍数 A_u 是输出正弦电压与输入正弦电压的相量之比，即

$$\dot{A}_u = \frac{\dot{U}_o}{\dot{U}_i} \qquad (8-11)$$

从放大电路的微变等效电路图可知

$$\dot{U}_o = -\dot{I}_C R'_L = -\beta \dot{I}_b R'_L \qquad (8-12)$$

式中

$$R'_L = R_C /\!/ R_L$$

故电压放大倍数为

$$\dot{A}_u = \frac{\dot{U}_o}{\dot{U}_i} = -\frac{-\beta R'_L}{r_{be}} \qquad (8-13)$$

式中，负号表示输出电压与输入电压反相。

由式(8 – 13)可看出，当放大电路输出端开路(不接 R_L)时，$R'_L = R_C$，此时的电压放大倍数为

$$\dot{A}_u = \frac{\dot{U}_o}{\dot{U}_i} = -\frac{-\beta R_C}{r_{be}}$$

比接 R_L 时要高，接 R_L 时 $\dot{A}_u$ 降低，R_L 愈小，电压放大倍数 $\dot{A}_u$ 就愈低。

4. 放大电路输入电阻的计算

放大电路对信号源(或对前级放大电路)来说,是一个负载,可用一个等效电阻来表示。这个电阻也就是从放大电路输入端看进去的等效电阻,称为输入电阻 r_i,即

$$r_i = \frac{\dot{U}_i}{\dot{I}_i} = R_B /\!/ r_{be} \qquad (8-14)$$

实际上,R_B 的阻值比 r_{be} 大得多,因此,这类放大电路的输入电阻近似等于 r_{be}。

为减轻信号源的负担和提高放大电路的净输入电压,通常希望放大电路的输入电阻越大越好,很明显这种基本放大电路由于受到小的 r_{be} 限制,其输入电阻不可能很高。

5. 放大电路输出电阻的计算

放大电路总是要带负载的,对负载而言,放大电路可以看作一个信号源,其内阻即为放大电路的输出电阻(从放大电路输出端看进去的等效电阻)。

如果放大电路的 r_o 较大(相当于信号源内阻较大),当负载变化时,输出电压变化就大,也就是说带载能力较差,因此,希望放大电路的输出电阻愈小愈好。

把信号源 u_S 短路($u_S = 0$),从输出端看进去的电阻即为输出电阻 r_o,对如图 8 - 8(b)所示的电路分析,当 $\dot{U}_S = 0$ 时,$\dot{I}_b = 0$,则 $\beta \dot{I}_b = 0$,受控电流源相当于开路,因此

$$r_o \approx R_C \qquad (8-15)$$

R_C 的阻值一般为几千欧,因此这种基本放大电路的输出电阻较高。

【例 8 - 2】 在如图 8 - 5 所示放大电路中,$V_{CC} = 12$ V,$R_C = 4$ kΩ,$R_B = 300$ kΩ,$\beta = 37.5$,$R_L = 4$ kΩ,试求电压放大倍数 A_u、输入电阻 r_i 和输出电阻 r_o。

解

$$I_B = \frac{V_{CC} - U_{BE}}{R_B} = \frac{12}{300} = 0.04 \text{ mA}$$

$$I_E \approx I_C = \beta I_B = 37.5 \times 0.04 = 1.5 \text{ mA}$$

$$r_{be} = 300 + (1 + \beta)\frac{26 \text{ mV}}{I_E(\text{mA})} = 300 + 38.5 \times \frac{26}{1.5} = 0.967 \text{ kΩ}$$

$$R'_L = R_C /\!/ R_L = \frac{4 \times 4}{4 + 4} = 2 \text{ kΩ}$$

$$\dot{A}_u = \frac{\dot{U}_o}{\dot{U}_i} = -\frac{37.5 \times 2}{0.967} = -77.6$$

$$r_i \approx r_{be} = 0.967 \text{ kΩ}$$

$$r_o \approx R_C = 4 \text{ kΩ}$$

8.3.4 静态工作点的设置与稳定

1. 非线性失真及产生的原因

对放大电路除要求有一定的放大倍数之外,还必须保证输出信号尽可能不失真。所谓失真,就是指输出信号的波形不像输入信号的波形。引起失真的原因有多种,其中最基本的一种就是由于静态工作点不合适或信号太大,使放大电路的工作范围超过了晶体管特性曲线上的线性范围,这种失真通常称为非线性失真。静态工作点设置得太高或太低都会产

生非线性失真。如图 8-9(a)所示，输入信号为正弦波电压，由于静态工作点 Q 的位置过低，在输入信号的负半周部分时间段，由于 $u_{be} = U_{BE} - |u_i| < 0$，工作点进入了死区，发射结反偏，使得 $i_B = I_B - |i_b| = 0$，晶体管在这段时间内处于截止状态，从波形图上看基极电流 i_B 波形负半周底部被削去，产生了严重失真。由于 i_B 失真，使得 $i_C = \beta i_B$ 和 $u_{CE} = V_{CC} - i_C R_L$ 的波形也都失真。这种失真是由于晶体管的截止而引起，故称为截止失真。如图 8-9(b)所示，静态工作点 Q 设置过高，这种情况下，输入正弦信号正半周 u_i，虽然不引起 i_B 失真，但由于部分时间段晶体管进入饱和区，在这段时间 i_C 达到饱和值，i_C 不随 i_B 变化而变化，自然 i_{ce} 和 u_{CE} 也都出现相同的现象，因此，从波形图上看 i_C 产生顶部严重失真，而 u_{CE} 产生底部严重失真。这种失真是由于晶体管进入饱和工作状态而引起，故称为饱和失真。

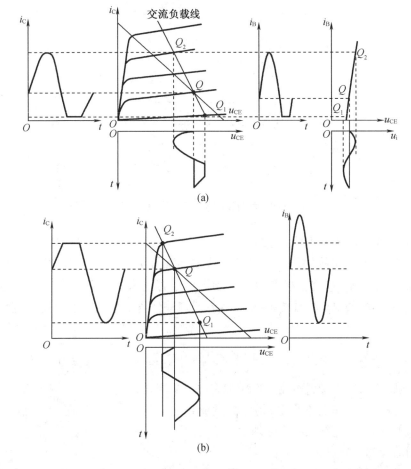

图 8-9　静态工作分析

　　只有放大电路设置合适的静态工作点，才能保证不产生非线性失真，一般静态工作点的位置应选在交流负载线的中部。有时为了节约能量延长电池的使用寿命，对小信号电路在不产生截止失真的情况下，工作点应尽可能选择低一点，但是还应注意即使静态工作点选在交流负载线的中部，如果输入信号的幅值太大，也会同时产生截止失真和饱和失真。

　　2. 温度变化对静态工作点的影响

　　虽然放大电路选择了合适的静态工作点，但是如果不对电路采取一些特殊措施，在外界条件变化时仍不能保证不会产生非线性失真。温度变化对晶体管的参数有显著的影响,这些影响将导致设置合理的静态工作点随着温度的变化而发生移动,温度变化会引起 I_{CEO}、U_{BE}、β 等参数的变化,从而导致静态工作点的移动。以温度升高为例,则有

$$T\uparrow \longrightarrow I_{CBO}\uparrow \longrightarrow I_{CEO}\uparrow \longrightarrow I_C\uparrow$$
$$T\uparrow \longrightarrow \beta\uparrow$$

使静态工作点上移,这里"↑"表示增大,"→"表示因果关系。

由于温度升高引起 I_C 增大,反映到输出特性曲线上,将使每一条输出特性曲线均向上平行移动,如图 8-10 所示。当温度从 20℃升到 40℃时,输出特性曲线将上移至虚线所示位置。

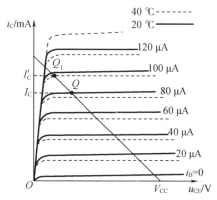

图 8-10 温度变化对静态工作点的变化

在如图 8-3 所示的基本放大电路图中,由于 V_{CC}、R_C 不变,故温度升高时直流负载线的位置不变,又因 R_B 不变,故偏流 I_B 也不变。于是由图 8-10 可以看出,设原来的静态工作点为 Q 点,温度上升后,Q 将上移到 Q_1 点,动态信号将进入饱和区,产生饱和失真。同时,由于 Q_1 点所对应的集电极电流 I_C' 较大($I_C' > I_C$),使晶体管的集电极损耗增加,管温升高,又造成输出特性曲线再次上移,如此恶性循环,使管子不能正常工作,甚至会使管子损坏。如图 8-3 所示的基本放大电路中,其基极偏流 $I_B \approx \dfrac{V_{CC}}{R_B}$,当 R_B 一经选定后,I_B 也就固定不变,因此,这种电路称为固定偏置电路。固定偏置电路具有电路简单、放大倍数高等优点,但正如以上分析,其静态工作点不稳定,易受温度变化的影响。为了使静态工作点不受外界条件变化的影响,必须在电路结构上采取改进措施。

3. 常用的静态工作点稳定电路

电子技术中应用最广泛的静态工作点稳定电路是分压式偏置放大电路,如图 8-11(a)所示。电阻 R_{B1} 与 R_{B2} 构成分压式偏置电路。由图 8-11(b)所示的直流通路分析可知

$$I_1 = I_B + I_2$$

若使

$$I_2 \gg I_B \tag{8-16}$$

有

$$I_1 \approx I_2 = \frac{V_{CC}}{R_{B1} + R_{B2}}$$

基极电位

$$U_B = I_2 R_{B2} = \frac{R_{B2} V_{CC}}{R_{B1} + R_{B2}} \qquad (8-17)$$

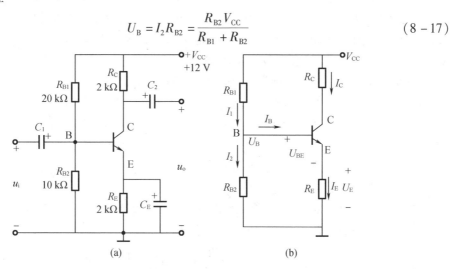

图 8 - 11 分压式偏置放大电路

(a)分压式偏置放大电路;(b)直流通路

由公式可知 U_B 与晶体管的参数无关,而仅由 R_{B1} 和 R_{B2} 的分压电路确定,只要电阻不受温度影响,则 U_{BE} 将不受温度影响。而工作点的稳定是由发射极电阻 R_E 把外界条件引起的变化反映出来,与固定电压 U_B 比较后用于改变晶体管发射结的电压 U_{BE}。当温度升高时,集电极电流增大,使 $I_C R_E$ 增大,使 U_{BE} 减小,从而引起集电极电流的减小,抵消集电极电流的增加,保持静态工作点基本不变;反之,当温度下降时,集电极电流减小,使 $I_C R_E$ 减小,使 U_{BE} 增大,引起集电极电流增加,也保持静态工作点基本不变。由图 8 - 11(b)可知

$$U_{BE} = U_B - U_E = U_B - I_E R_E \qquad (8-18)$$

若使

$$U_B \gg U_{BE} \qquad (8-19)$$

则有

$$I_C \approx I_E = \frac{U_B - U_{BE}}{R_E} \qquad (8-20)$$

由式(8 - 17)和(8 - 20)可以看出,采用这种结构后,只要电源电压稳定,R_{B1}、R_{B2}、R_E 不受温度影响而产生变化,则 I_C 就不受温度影响,工作点就不随温度而变化。

因此,设计这种电路时只要满足式(8 - 16)和式(8 - 19)两个条件(通常选择 I_2 为 5 ~ 10 倍的 I_B,U_B 为 5 ~ 10 倍的 U_{BE}),U_B 和 I_C 就与晶体管的参数无关,基本不受温度变化的影响,从而使静态工作点能基本稳定。

分压式偏置电路能稳定静态工作点的物理过程,可表示如下:

$$T \uparrow \longrightarrow I_C \uparrow \longrightarrow U_E \uparrow \xrightarrow{\ U_B 不变\ } U_{BE} \downarrow$$
$$I_C \downarrow \longleftarrow$$

工作点 Q 位置基本不变,即当温度升高时 I_C 增大,I_E 也随之增大,$U_E = R_E I_E$ 也增大,由于基极电位 U_B 不受温度影响,保持恒定,故根据式(8 - 18),U_{BE} 减小,从而引起 I_B 减小,使

I_C 自动下降,静态工作点大致恢复到原来的位置。这种电路能稳定静态工作点的实质是由于输出电流 I_C 的变化,通过发射极电阻 R_E 上电压的变化反映出来的($U_E = R_E I_E$),使发射结电压 U_{BE} 发生变化来牵制 I_C 的变化。因此,R_E 愈大,稳定性能愈好。但 R_E 越大,U_E 就越大,当电源电压一定时,就会使放大电路输出电压动态范围变小,若想保持同样的动态范围,就需要增大电源电压。因此,R_E 一般取值几百欧到几千欧。

R_E 的接入,使发射极电流的交流分量在 R_E 上也要产生压降,这样会降低放大电路的电压放大倍数。为实现既稳定工作点又不减小电压放大倍数,可以利用电容器通交流隔直流的特性,在 R_E 两端并联大容量的电容器 C_E,只要 C_E 容量足够大,对交流就可视为短路,而对直流分量并无影响,故 C_E 称为发射极交流旁路电容,其容量一般为几十微法到几百微法,因容量大常采用电解电容器。

【例8-3】 如图8-11(b)所示的电路,已知晶体管的 $R_C = 2$ kΩ,$\beta = 50$,$V_{CC} = 12$ V,$R_{B2} = 10$ kΩ,$R_{B1} = 20$ kΩ,$R_E = 2$ kΩ,试求其静态工作点。

解

$$U_B = I_2 R_{B2} = \frac{R_{B2} V_{CC}}{R_{B1} + R_{B2}} = \frac{10 \times 12}{10 + 20} = 4 \text{ V}$$

$$I_C \approx I_E = \frac{U_B - U_{BE}}{R_E} = \frac{4 - 0.7}{2} = 1.65 \text{ mA}$$

$$I_B = \frac{I_C}{\beta} = \frac{1.65}{50} = 0.033 \text{ mA}$$

$$U_{CE} = V_{CC} - I_C R_C - I_E R_E = 12 - 1.65 \times (2 + 2) = 5.4 \text{ V}$$

8.3.5 发射极电阻及信号源内阻对放大器性能的影响

1. 发射极电阻对放大器性能的影响

当采用分压偏置电路使放大电路的静态工作点得到稳定的同时,对放大器的性能也会产生一些其他的影响,分析如图8-12(a)所示分压偏置放大器可得到发射极电阻对放大器哪些性能会产生影响。图8-12(b)是图8-12(a)电路的微变等效电路图,借助该图和上述放大电路的动态分析方法可以得到

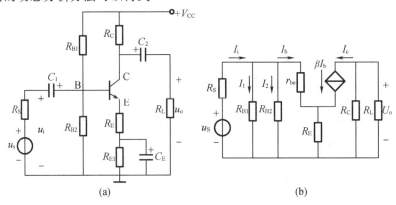

图8-12 分压偏执放大器

(a)分压偏置放大器;(b)微变等效电路图

$$\dot{U}_o = -\dot{I}_C R'_L = -\beta \dot{I}_b R'_L$$

式中

$$R'_L = R_C /\!/ R_L$$

$$\dot{U}_i = \dot{I}_b r_{be} + \dot{I}_e r_E = \dot{I}_b r_{be} + \dot{I}_b (1+\beta) R_E$$

故电压放大倍数为

$$\dot{A}_u = \frac{\dot{U}_o}{\dot{U}_i} = \frac{-\beta I_b R'_L}{\dot{I}_b [r_{be} + (1+\beta) R_E]} = \frac{-\beta R'_L}{r_{be} + (1+\beta) R_E} \qquad (8-21)$$

由图 8-12 和式(8-21)可看出,由于 R_E 对输入信号的分压,使放大器的电压放大倍数比没有 R_E 时明显减小,而 R_E 越大,电压放大倍数就越小,有

$$r_i = \frac{\dot{U}_i}{\dot{I}_i}$$

$$\dot{U}_i = \dot{I}_b r_{be} + \dot{I}_b (1+\beta) R_E = \dot{I}_b [r_{be} + (1+\beta) R_E]$$

$$\dot{I}_i = \dot{I}_1 + \dot{I}_2 + \dot{I}_b$$

$$\dot{I}_1 = \frac{\dot{U}_i}{R_{B1}}$$

$$\dot{I}_2 = \frac{\dot{U}_i}{R_{B2}}$$

$$R_B = R_{B1} /\!/ R_{B2}$$

$$r_i = R_{B1} /\!/ R_{B2} /\!/ [r_{be} + (1+\beta) R_E]$$

由图 8-12 和式(8-21)可看出,由于 R_E 相当于 r_{be} 串联,且其中流过的电流是基极电流的 $1+\beta$ 倍,折合到输入回路相当于将其扩大了 $1+\beta$ 倍,这与没有 R_E 相比,放大器的输入电阻有明显的增大,而 R_E 越大,输入电阻就越大,并且 R_E 的加入不会对输出电阻产生影响。

利用电容器隔直通交的特性,可消除 R_E 对动态性能的影响。如果不希望 R_E 对动态性能产生任何影响,可以用一个容量足够大的电容器与 R_E 并联,使交流信号不通过 R_E,自然它也就不能对动态性能产生影响了。若想使动态性能有一定的改善,可采用将 R_E 的一部分通过电容器旁路的方法,如图 8-11(a)所示,这样既可以使工作点的稳定符合要求,又不使电压放大倍数降低太多,还可以使输入电阻有所增大。

由上述分析可知,R_E 会使静态工作点稳定,电压放大倍数减小,输入电阻增大。此外,它还可以使放大电路的稳定性提高。从稳定静态工作点和增大输入电阻的角度考虑希望 R_E 大,而从电压放大倍数考虑又希望 R_E 小。因此,要根据电路的具体要求来选择 R_E 的量值及旁路电容器。

2. 信号源内阻对电压放大倍数的影响

上述分析均没有考虑信号源内阻的影响,即认为放大器的输入电压 u_i 就等于信号源的电动势。由于信号源内阻将对信号源电动势产生分压作用,因此输出电压对信号源电动势的电压放大倍数将小于对放大器输入电压 u_i 的电压放大倍数。

图 8-13 从输入端反映了信号源内阻与放大器之间的关系,根据输入电阻 r_i 与信号源内阻 R_S 分压的原理可得到用 r_i、R_S、$\dot{A}_u$ 表示的输出电压对信号源电动势的电压放大倍数。

若输出电压对信号源电动势的电压放大倍数为 $\dot{A}_{uS}$,则

$$\dot{A}_{uS} = \frac{\dot{U}_o}{\dot{U}_S}$$

$$\dot{U}_S = \dot{I}_i R_S + \dot{U}_i$$

$$\dot{I}_i = \frac{\dot{U}_i}{r_i}$$

$$\dot{U}_S = \frac{\dot{U}_i}{r_i}R_S + \dot{U}_i = \dot{U}_i \frac{R_S + r_i}{r_i}$$

$$\dot{A}_{uS} = \frac{\dot{U}_o}{\dot{U}_S} = \frac{\dot{U}_o}{U_i \frac{\dot{R}_S + r_i}{r_i}} = \frac{r_i \dot{U}_o}{R_S + r_i \dot{U}_i} = \frac{r_i}{R_S + r_i}\dot{A}_u$$

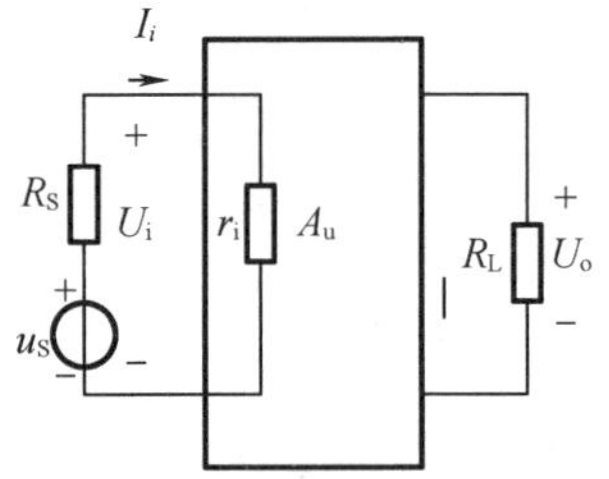

图 8-13 信号源内阻与放大器之间的关系

8.4 射极输出器

射极输出器的电路如图 8-14(a)所示,交流通路图如图 8-14(c)所示,从交流通路图可知集电极对交流信号来说是接地的。负载 R_L 接在发射极和地之间,输入信号加在基极与地(即集电极)之间,所以集电极是交流输入、输出的公共端,是一个共集电极电路。由于输出电压出自发射极,因此,也称其为射极输出器。射极输出器与上述的共发射极电路有很多不同之处,要注意其特点和用途。

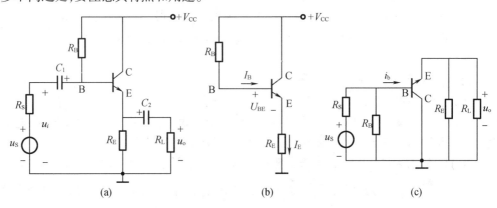

图 8-14 射极输出器
(a)电路;(b)直流通路;(c)交流通路

8.4.1　射极输出器静态工作点的计算

射极输出器的直流通路如图 8－14(b)所示。根据直流通路可确定其静态工作点。
由于

$$V_{CC} = U_{RB} + U_{BE} + U_{RE} = R_B I_B + U_{BE} + (1 + \beta) R_E I_B$$

因此

$$I_E = I_B + I_C = (1 + \beta) I_B$$
$$U_{CE} = V_{CC} - I_E R_E \tag{8 - 22}$$

8.4.2　动态分析计算

由如图 8－15 所示的射极输出器的微变等效电路得到输出电压为

$$\dot{U}_o = \dot{R}_L \dot{I}_e = (1 + \beta) \dot{R}_L \dot{I}_b$$

式中

$$\dot{R}_L = R_E /\!/ R_L \tag{8 - 23}$$

输入电压为

$$\dot{U}_i = r_{be} \dot{I}_b + R'_L \dot{I}_e = r_{be} \dot{I}_b + (1 + \beta) R'_L \dot{I}_b$$

$$\dot{A}_u = \frac{\dot{U}_o}{\dot{U}_i} = \frac{(1 + \beta) \dot{I}_b R'_L}{\dot{I}_b r_{be} + \dot{I}_b (1 + \beta) R'_L} = \frac{(1 + \beta) R'_L}{r_{be} + (1 + \beta) R'_L} \tag{8 - 24}$$

式(8－24)表明射极输入器的电压放大倍数小于1,但接近于1。从微变等效电路可看出输入电压是同相的,大小近似相等,因此,射极输入器又称为射极跟随器。

射极输出器的输入电阻也可以从如图 8－15 所示的微变等效电路经过计算得出,即

$$r_i = \frac{\dot{U}_i}{\dot{I}_i} = \frac{\dot{U}_i}{\dfrac{\dot{U}_i}{R_B} + \dfrac{\dot{U}_i}{r_{be} + (1 + \beta) R'_L}} = R_B /\!/ [r_{be} + (1 + \beta) R'_L] \tag{8 - 25}$$

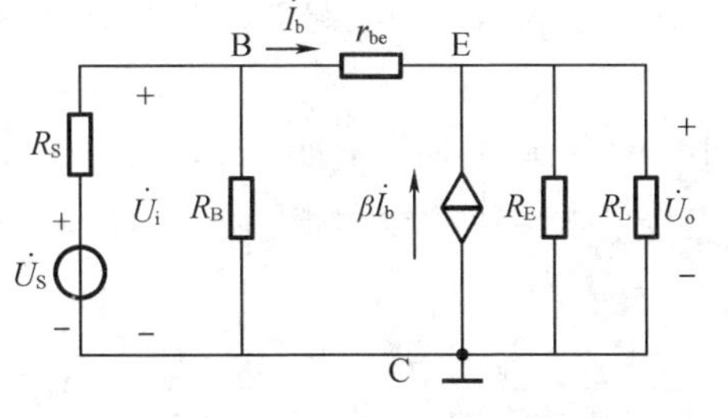

图 8－15　射极输出器微变等效电路

由式(8－25)可见,射极输出器的输入电阻是由偏置电阻和电阻$[r_{be} + (1 + \beta) R'_L]$并联得到的。通常 R_B 的阻值很大(几十千欧至几百千欧),同时,$[r_{be} + (1 + \beta) R'_L]$也比共发射极放大电路的输入电阻 r_{be} 大得多。因此,射极输出器的输入电阻很高,可达几十千欧到几

百千欧。计算射极输出器的输出电阻时,需要将输入信号源置零,去掉负载,然后在输出端加一个电压已知的电压源,如图 8 – 16 所示。

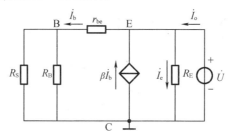

图 8 – 16 射极输出器的输出电阻

已知电压的电压源向电路提供的电流,由下式求输出电阻

$$r_{\mathrm{o}} = \frac{\dot{U}}{I_{\mathrm{o}}} \qquad\qquad (8-26)$$

$$\dot{I}_{\mathrm{o}} = \frac{\dot{U}}{R_{\mathrm{E}}} + \frac{\dot{U}}{r_{\mathrm{be}} + (R_{\mathrm{B}} /\!/ R_{\mathrm{S}})} + \beta\frac{\dot{U}}{r_{\mathrm{be}} + (R_{\mathrm{B}} /\!/ R_{\mathrm{S}})} \qquad (8-27)$$

由上式(8 – 26)和式(8 – 27)可以求出射极输出器的输出电阻

$$r_{\mathrm{o}} = R_{\mathrm{e}} /\!/ \frac{r_{\mathrm{be}} + (R_{\mathrm{B}} /\!/ R_{\mathrm{S}})}{1 + \beta} \qquad\qquad (8-28)$$

由式(8 – 28)可知射极输出器的输出电阻很小。这也能从射极输出器的输出电压 u_{o} 近似等于输入电压 u_{i} 反映出来,因为 u_{o} 仅比 u_{i} 小 u_{be},所以不论负载大小如何变化,u_{o} 都不会有太大的变化。射极输出器的输出电阻,一般为几十欧到几百欧,比共发射极放大电路的输出电阻低得多。

射极输出器的特点及主要用途:

①因为电压放大倍数小于 1,但近似等于 1,所以无电压放大作用,但仍具有电流放大作用;

②与共发射极电路相比具有很高的输入阻抗;

③与共发射极电路相比具有很低的输出阻抗;

④主要用于输入级(用其高输入阻抗与信号源匹配)、输出级(用其低输出阻抗和电流放大作用与负载匹配)。

【例 8 – 4】 如图 8 – 14(b)所示电路中,已知 $R_{\mathrm{B}} = 300 \ \mathrm{k\Omega}$,$R_{\mathrm{E}} = 5 \ \mathrm{k\Omega}$,$V_{\mathrm{CC}} = 12 \ \mathrm{V}$,$\beta = 80$。试计算静态工作点及电压放大倍数、输入电阻、输出电阻。

解 静态工作点,有

$$I_{\mathrm{B}} = \frac{V_{\mathrm{CC}} - U_{\mathrm{BE}}}{R_{\mathrm{B}} + (1 + \beta)R_{\mathrm{E}}} = \frac{12 - 0.7}{300 + 81 \times 5} \approx 0.016 \ \mathrm{mA}$$

$$I_{\mathrm{C}} = \beta I_{\mathrm{B}} = 80 \times 0.016 = 1.28 \ \mathrm{mA}$$

$$I_{\mathrm{E}} = (1 + \beta)I_{\mathrm{B}} = 81 \times 0.016 \approx 1.3 \ \mathrm{mA}$$

$$U_{\mathrm{CE}} = V_{\mathrm{CC}} - I_{\mathrm{E}}R_{\mathrm{E}} = 12 - 1.3 \times 5 = 5.5 \ \mathrm{V}$$

电压放大倍数为

$$r_{be} = 300\ \Omega + (1 + \beta)\frac{23\ mA}{I_E(mA)} = 300 + 81 \times \frac{26}{1.3} = 1.92\ k\Omega$$

$$R'_L = R_E // R_L = \frac{5 \times 0.5}{5 + 0.5} \approx 0.46\ k\Omega$$

$$A_u = \frac{(1 + \beta)R'_L}{r_{be} + (1 + \beta)R'_L} = \frac{81 \times 0.46}{1.92 + 81 \times 0.46} \approx 1$$

输入电阻和输出电阻

$$r_i = R_B // [r_{be} + (1 + \beta)R'_L] = \frac{300 \times (1.92 + 81 \times 0.46)}{300 + (1.92 + 81 \times 0.46)} \approx 34.65\ k\Omega$$

$$r_o = \frac{r_{be} + R_S // R_B}{1 + \beta} // R_E = 36\ \Omega$$

8.5　阻容耦合多级放大电路

在实际应用中,通常放大电路的输入信号都很微弱,一般为毫伏或微伏数量级,输入功率常常在 1 mW 以下,但放大电路的负载却需要较大的电压或一定的功率才能被驱动。因此,在实际应用中要求把几个单级放大电路连接起来,使信号逐级放大,以满足负载的需要。由几个单位放大电路连接起来的电路称为多级放大电路。

在多级放大电路中,相邻两级之间的连接称为级间耦合,实现耦合的电路称为级间耦合电路,其任务是把前一级的输出信号传送到下一级作为输入信号。对级间耦合电路的基本要求是:耦合电路对前、后级放大器的静态工作点无影响;不引起信号失真;尽量减少信号电压在耦合电路上的损失。

常用的级间耦合方式有阻容耦合、变压器耦合和直接耦合三种。多级交流电压放大电路通常采用阻容耦合方式。如图 8 - 17 所示为两级阻容耦合放大电路,两级之间通过电容及偏置电阻连接。由于电容有隔直作用,它可使前、后级放大电路的直流工作状态互不影响,因此,各级放大电路的静态工作点可以单独考虑。这里必须注意的是,在计算各单级放大电路时,应把后级放大电路的输入电阻 r_{i+1} 作为前级的负载电阻 R_{Li},即 $R_{Li} = r_{i+1}$。

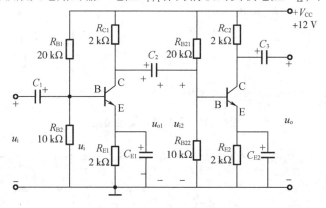

图 8 - 17　阻容耦合多级放大电路

在多级放大电路中,各级的静态工作点可按前面讨论过的方法分别计算。需要在各级耦合电容处把它们分开即可。

它的电压放大倍数为 $\dot{A}_u = \dot{U}_o / \dot{U}_i$，由图 8 - 17 可见，第一级放大电路的输出信号就是第二级放大电路的输入信号，即 $\dot{U}_{i2} = \dot{U}_{o1}$。

故有

$$\dot{A}_u = \frac{\dot{U}_o}{\dot{U}_i} = \frac{\dot{U}_{o1}}{\dot{U}_{i1}} \cdot \frac{\dot{U}_o}{\dot{U}_{i2}} = \dot{A}_{u1} \dot{A}_{u2}$$

式中，$\dot{A}_{u1}$、$\dot{A}_{u2}$分别为各单级放大电路的电压放大倍数。可见，多级放大电路的电压放大倍数等于各级电压放大倍数的乘积。

由此可以推出多级放大电路的总电压放大倍数为

$$\dot{A}_u = \dot{A}_{u1} \dot{A}_{u2} \dot{A}_{u3} \cdots \dot{A}_{un-1} \dot{A}_{un} \dot{A}_u$$

多级放大电路的输入电阻就是第一级放大电路的输入电阻，即 $r_i = r_{1i}$；输出电阻就是最后一级放大电路的输出电阻，即 $r_o = r_{1o}$。

下面以一个实用三级放大器的例子说明多级放大器的分析方法。

【例 8 - 5】 一个简易助听器由三级阻容耦合放大电路构成，如图 8 - 18 所示，各晶体管的共发射极电流放大系数 $\beta = 100$，$U_{BE} = 0.7$ V。用一个内阻为 0.5 kΩ 的动圈式声电转换器件检测声音信号，用一个内阻为 0.5 kΩ 的耳机作为电路的负载把放大后的声音传给使用者。试求：

(1)这个放大电路各级静态工作点；

(2)放大电路各级及总输入电阻和输出电阻；

(3)各级放大倍数和总电压放大倍数。

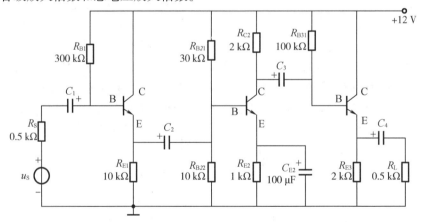

图 8 - 18　简易助听器电路图

解　图 8 - 18 中三级阻容耦合放大电路的微变等效电路如图 8 - 19 所示。

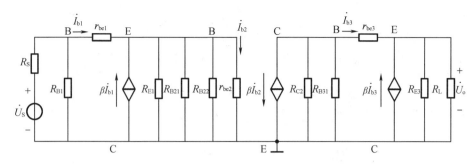

图 8 - 19　微变等效电路

（1）各级放大电路的静态工作点

第一级：

$$I_{B1} = \frac{V_{CC} - U_{BE1}}{R_{B1} + (1+\beta) R_{E1}} = \frac{12 - 0.7}{300 + 101 \times 10} \approx 8.6 \ \mu A$$

$$I_{C1} = \beta_1 I_{B1} = 100 \times 0.0086 = 0.86 \ mA$$

$$I_{E1} \approx I_{C1} = 0.86 \ mA$$

$$U_{CE1} = U_{CC} - I_{E1} R_{E1} = 12 - 0.86 \times 10 = 3.4 \ V$$

第二级：

$$U_{B2} = \frac{V_{CC} R_{B22}}{R_{B21} + R_{B22}} = \frac{12 \times 10}{30 + 10} = 3 \ V$$

$$I_{E2} = \frac{U_{B2} - U_{BE2}}{R_{E2}} = \frac{3 - 0.7}{1} = 2.3 \ mA$$

$$I_{C2} \approx I_{E2} = 2.3 \ mA$$

$$I_{B2} = \frac{I_{C2}}{\beta} = \frac{2.3}{100} = 23 \ \mu A$$

$$U_{CE2} = V_{CC} - I_{C2} (R_{C2} + R_{E2}) = 12 - 2.3 \times (2 + 1) = 5.1 \ V$$

第三级：

$$I_{B3} = \frac{V_{CC} - U_{BE3}}{R_{B31} + (1+\beta_3) R_{E3}} = \frac{12 - 0.7}{100 + 101 \times 2} \approx 0.037 \ mA$$

$$I_{C3} = \beta_3 I_{B3} = 100 \times 0.037 = 3.7 \ mA$$

$$I_{E3} = I_{C3} = 3.7 \ mA$$

$$U_{CE3} = V_{CC} - I_{E3} R_{E3} = 12 - 2.3 \times 2 = 7.4 \ V$$

（2）放大电路各级及总输入电阻和输出电阻

$$R'_{L3} = R_{E3} /\!/ R_L = \frac{2 \times 0.5}{2 + 0.5} = 0.4 \ k\Omega$$

$$r_{be3} = 300 \ \Omega + (1+\beta_3) \frac{26 \ mA}{I_{E3}(mA)} = 300 + \frac{101 \times 26}{3.7} \approx 1.01 \ k\Omega$$

$$r_{i3} = R_{B31} /\!/ [r_{be3} + (1+\beta_3) R'_{L3}] = 29.3 \ k\Omega$$

$$r_{be2} = \left(300 + \frac{101 \times 26}{2.3}\right) \Omega \approx 1.442 \ k\Omega$$

$$R'_{L2} = R_{C2} /\!/ r_{i3} = \frac{2 \times 29.3}{2 + 29.3} \approx 1.87 \ k\Omega$$

$$r_{i2} = R_{B21} /\!/ R_{B22} /\!/ r_{be2} = 1.21 \ k\Omega$$

$$r_{be1} = \left(300 + \frac{101 \times 26}{0.86}\right) \Omega \approx 3.353 \text{ k}\Omega$$

$$R'_{L1} = R_{E1} /\!/ r_{i2} = \frac{10 \times 1.21}{10 + 1.21} \approx 1.08 \text{ k}\Omega$$

$$r_{i1} = R_{B1} /\!/ [r_{be1} + (1 + \beta_1)R'_{L1}] = 81.78 \text{ k}\Omega$$

$$r_{o1} = R_{E1} /\!/ \frac{r_{be1} + R_S /\!/ R_{B1}}{1 + \beta_1} = 37.9 \text{ }\Omega$$

$$r_{o2} = R_{C2} = 2 \text{ k}\Omega$$

$$r_{o3} = R_{E3} /\!/ \frac{r_{be3} + R_{B31} /\!/ r_{o2}}{1 + \beta_3} = 29 \text{ }\Omega$$

（3）各级电压放大倍数

第一级放大电路的电压放大倍数为

$$\dot{A}_{u1} = \frac{(1 + \beta_1)R'_{L1}}{r_{be1} + (1 + \beta_1)R'_{L1}} \approx 1$$

第二级放大电路的电压放大倍数为

$$\dot{A}_{u2} = -\frac{\beta_2 R'_{L1}}{r_{be2}} = -\frac{100 \times 1.87}{1.442} \approx -129.7$$

第三级放大电路的电压放大倍数为

$$\dot{A}_{u3} \approx 1$$

电路的总电压倍数为

$$\dot{A}_u = \dot{A}_{u1}\dot{A}_{u2}\dot{A}_{u3} = 1 \times (-129.7) \times 1 = -129.7$$

本 章 小 结

1. 放大电路的静态分析就是求解放大电路的静态工作点,利用放大电路的直流通路图,对基本放大电路利用基尔霍夫第二定律和欧姆定律就可以求出静态工作点。对分压偏置电路在满足 $I_2 = (5 \sim 10)I_B$ 和 $U_B = (5 \sim 10)U_{BE}$ 的条件下,可以采用近似的方法求解静态工作点。

2. 放大电路的动态分析主要是求解用元件参数表示的电压放大倍数和输入、输出电阻。当电路工作于低频小信号时,电压放大倍数、输入和输出电阻三个参数的求解表达式可以借助放大电路的微变等效电路图得出。

3. 射极跟随器其直流是共发射极电路,而交流是共集电极电路,具有高输入阻抗和低输出阻抗,电压放大倍数恒小于1,但近似等于1,因此,电路不具备电压放大能力,但具有电流放大能力。

4. 多级交流放大器各级的静态工作点可以独立分析,在进行动态分析时注意,后级的输入电阻就是前级的负载电阻,而前级就是后级的信号源,其输出电阻就是后级的信号源内阻。各级电压放大倍数可以单独计算,总电压放大倍数等于各级电压放大倍数的乘积。

习　　题

8－1　晶体管用微变等效电路来代替,条件是什么?

8－2　晶体管放大电路如图 8－20 所示,已知 $R_C = 3$ kΩ,$R_B = 240$ kΩ,$\beta = 40$,$V_{CC} = 12$ V。

(1)试用直流通路估算静态工作点。

(2)在静态时($u_i = 0$)C_1 和 C_2 上的电压各为多少,并标出极性。

8－3　在上题中,如改变 R_B,使 $U_{CE} = 3$ V,试用直流通路求 R_B 的大小;如改变 $R_C = 3$ kΩ,使 $I_C = 1.5$ mA,R_B 又等于多少?

8－4　有一晶体管继电器电路,继电器的线圈作为放大电路的集电极电阻,线圈电阻 $R_C = 3$ kΩ,继电器动作电流为 6 mA,晶体管的 $\beta = 50$。试求:

(1)基极电流多大时,继电器才能动作?

(2)电源电压 V_{CC} 至少应大于多少伏,才能使此电路正常工作?

8－5　一单管放大电路如图 8－21 所示,$V_{CC} = 15$ V,$R_C = 5$ kΩ,$R_E = 500$ kΩ,可变电阻 R_P 串联于基极电路。晶体管的 $\beta = 100$。

(1)若使 $U_{CE} = 7$ V,求 R_P 的阻值;

(2)若使 $I_C = 1.5$ mA,求 R_P 的阻值;

(3)若 $R_B = 0$,此电路可能发生什么问题?

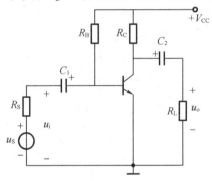

图 8－20　题 8－2 图

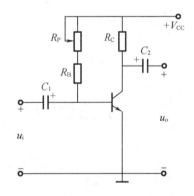

图 8－21　题 8－5 图

8－6　如图 8－21 所示电路,实验时用示波器观测波形,输入为正弦波信号时,输出波形如图 8－22 所示,说明它们各属什么性质的失真(饱和、截止),怎样才能消除失真?

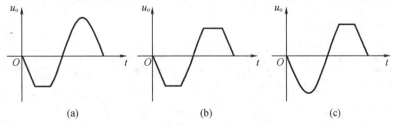

图 8－22　题 8－6 图

8-7 试判断图8-23中各电路能否放大交流电压信号,为什么?

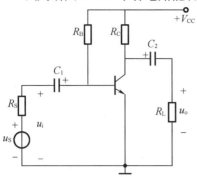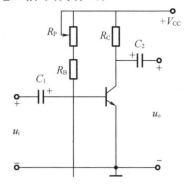

图8-23 题8-7图

8-8 在如图8-24所示放大电路中,已知 $V_C = 15$ V,$R_C = 5$ kΩ,$R_L = 5$ kΩ,$R_B = 500$ kΩ,$\beta = 50$,试估算静态工作点和放大电压放大倍数,并画出微变等效电路。

8-9 如图8-25所示放大电路,$\beta = 100$,试求静态工作点,输入、输出电阻和电压放大倍数,并画出微变等效电路。

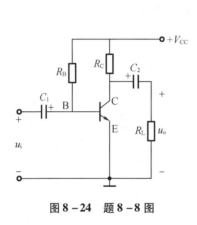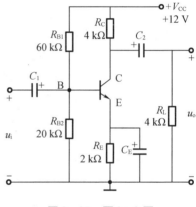

图8-24 题8-8图   图8-25 题8-9图

第9章

集成运算放大器

9.1 集成运算放大器的组成

　　所谓集成电路,是相对于分立元件而言的,就是把整个电路的各个元器件及相互之间的连线制造在一块半导体芯片上,组成一个不可分割的整体。近年来,集成电路正在逐渐取代分立元器件电路。集成电路由于元器件密度高、引线短、外部接线大为减少,大大提高了电子电路的可靠性和灵活性,从而促进了各个科学技术领域先进技术的发展。

9.1.1 集成运算放大器的基本组成

　　集成运算放大器是一种集成化的半导体器件,它实质上是一个具有很高放大倍数的、直接耦合的多级放大电路,也可以简称为集成运放组件。实际的集成运放组件有许多不同的类型,每一种型号内部线路都不同。从使用的角度看,我们感兴趣的只是它的特性指标及使用方法。集成运算放大器的类型很多,电路也各不相同,但从电路的总体结构上看,基本上都有输入级、中间放大级、功率输出级和偏置电路四部分组成,如图 9-1 所示。输入级一般采用具有恒流源的双输入端的差分放大电路,其目的就是减少放大电路的零点漂移,提高输入阻抗;中间放大级的主要作用是将电压放大,使整个集成电路运算放大器有足够高的电压放大倍数;功率输出级一般采用射极输出器构成的电路,其目的是实现与负载的匹配,使电路有较大的输出功率和较强的带负载能力;偏置电路的作用是为上述各级电路提供稳定合适的偏置电流,稳定各级的静态工作点,一般由各种恒流源电路构成。

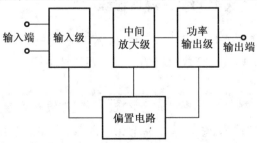

图 9-1　运算放大器电路的总体结构图

如图 9 - 2 所示为 LM741 集成运算放大器的外形和管脚图。

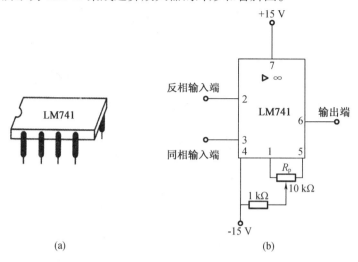

图 9 - 2 LM741 集成运算放大器的外形和管脚图

（a）外形图；（b）管脚图

它有 8 个管脚，各个管脚的用途如下。

①输入端和输出端

LM741 的管脚 2 和管脚 3 为差分输入级的两个输入端，管脚 6 为运放级的输出端。管脚 2 为反相输入端，输入信号由此端与参考端接入时，6 端的输出信号与输入信号反相（或极性相反）；管脚 3 为同相输入端，输入信号由此端与参考端接入时，6 端的输出信号则与输入信号相同（或极性相同）。运算放大器的反相和同相输入端对于它的应用极为重要，绝对不能接错。

②电源端

管脚 7 和管脚 4 为外接电源端，为集成运算放大器提供直流电源。运算放大器通常采用双电源供电方式，4 端接负电源组的负极，7 端接正电源组的正极，使用时不能接错。

③调零端

管脚 1 和管脚 5 为外接调零补偿电位器端。集成运算放大器的输入级虽为差分电路，但电路参数和晶体管特性不可能完全对称，因而当输入信号为零时，输出一般不为零。调节电位器 R_p 可使输入信号为零，输出信号也为零。

9.1.2 集成运算放大器的主要特性指标

集成运算放大器性能的好坏常用一些特性指标表征。这些特性指标是选用运算放大器的主要依据。下面介绍集成运算放大器的一些主要特性指标。

1. 开环差模电压放大倍数 A_{ud}

开环差模电压放大倍数 A_{ud}，是指集成运算放大器组件没有外接反馈电阻（开环）时，对差模信号的电压增益。A_{ud} 愈大，运算放大器的精度愈高，工作愈稳定。集成运算放大器的 A_{ud} 很高，约为 $10^4 \sim 10^6$（LM741 的 A_{ud} 在 10^5 以上）。目前，高增益集成运算放大器的 A_{ud} 可达 10^7。

2. 输入失调电压 U_{10} 及其温漂 $\dfrac{\Delta U_{10}}{\Delta T}$

在理想情况下,当输入信号为零时,输出电压 $U_o=0$。实际上,当输入信号为零时,输出电压 $U_o\neq0$。在输入端加上相应的补偿电压使其输出电压为零,该补偿电压称为输入失调电压 U_{10} 一般为毫伏级。

U_{10} 是温度的函数,用输入失调电压温漂 $\dfrac{\Delta U_{10}}{\Delta T}$ 来表示,U_{10} 受温度影响的程度,其典型值为每摄氏度几毫伏。U_{10} 可以通过调节零电位器得到解决,但不能通过调节零电位器使 $\dfrac{\Delta U_{10}}{\Delta T}$ 得到一次性补偿。

3. 输入失调电流 I_{10} 及其温漂 $\dfrac{\Delta U_{10}}{\Delta T}$

当输入信号为零时,输入及两个差分输入端的静态电流之差称为输入失调电流。输入失调电流的存在,将在输入回路电阻上产生一个附加电压,使输入信号为零时,输出电压 $U_o\neq0$,I_{10} 愈小愈好,其值一般为几十至几百纳安(nA)。

I_{10} 也是温度的函数。用输入失调电流温漂 $\dfrac{\Delta U_{10}}{\Delta T}$ 表示 I_{10} 受温度影响的程度。$\dfrac{\Delta U_{10}}{\Delta T}$ 的典型值为每摄氏度几个纳安,高质量的集成运算放大器的 $\dfrac{\Delta U_{10}}{\Delta T}$ 可达每摄氏度几个皮安。

4. 差模输入电阻 R_{id} 和输出电阻 r_o

运算放大器两个输入端之间的电阻 $R_{id}=\dfrac{\Delta U_{id}}{\Delta I_{id}}$,称为差模输入电阻。这是一个动态电阻,它反应了运算放大器的差分输入端向差模输入信号源索取电流的大小。通常希望 R_{id} 尽可能大一些,一般为几百千欧到几兆欧。

输出电阻是指运算放大器在开环状态下,输出端电压变化量与输出端电流变化量的比值。它的值反映运算放大器带负载的能力。其值越小带负载的能力越强,其数值一般是几十欧姆到几百欧姆。

5. 共模抑制比 K_{CMR}

共模抑制比是衡量输入级各参数对称程度的标志,它的大小反映运算放大器抑制共模信号的能力,其定义为差模电压放大倍数与共模电压放大倍数的比值,表示为

$$K_{CMR}=\frac{A_{ud}}{A_{uc}}$$

或用对数形式表示为

$$K_{CMR}=20\lg\frac{A_{ud}}{A_{uc}}\ (\text{db})$$

6. 最大差模输入电压 U_{idmax}

同相输入端和反相输入端之间所允许加的最大电压差称为最大差模输入电压。若实际所加的电压超过这个电压值,运算放大器输入级的晶体管将出现反向击穿现象,使运算放大器输入特性显著恶化,甚至造成永久性损坏,LM741 的最大差模输入电压约为 ±36 V。

7. 最大共模输入电压 U_{icmax}

运算放大器对共模信号具有抑制的性能,但这个性能在规定的共模电压范围内才具有。若超出这个电压,运算放大器的共模抑制性能就大大下降,甚至造成器件损坏。LM741的最大共模输入电压约为 ±16 V。

8. 静态功耗 P_{CO}

静态功耗是指不接负载,且输入信号为零时,运算放大器本身所需要的电源总功率,一般为几十毫瓦。

9. 最大输出电压 U_{OPP}

能使输出电压和输入电压保持不失真关系的最大输出电压称为最大输出电压。LM741的最大输出电压约为 ±16 V。

9.2 放大电路中的负反馈

在放大电路中负反馈的应用是极为广泛的,采用负反馈的目的是为了改善放大电路的性能,而对工作于线性状态的运算放大器必须使用负反馈技术。

9.2.1 反馈的基本概念

放大电路正常工作时,是将输入信号经放大电路放大后输出。信号的传递方向是从输入端经放大电路到输出端。如果采用一定的方式,把放大电路的全部或部分输出电压(或电流),回送到放大电路的输入回路,以改善放大电路的某些性能,这种方法称为反馈。若返回的信号削弱了原输入信号则称为负反馈;若返回的信号增强了原输入信号则称为正反馈。在放大电路中经常采用的是负反馈。

任何带有负反馈的放大电路都包含两部分:一是不带反馈的基本放大电路 A,它可以是单级或多级放大电路,也可以是运算放大器;一是反馈电路 F,它是联系放大电路输出电路和输入电路的环节,称为反馈电路,如图 9 – 3 所示。

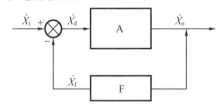

图 9 – 3 负反馈放大电路

图中用 X 表示正弦信号(电压或电流),所以用向量表示,$\dot{X}_i$、$\dot{X}_o$、$\dot{X}_f$、$\dot{X}_d$ 分别为输入、输出、反馈、净输入信号。$\dot{X}_i$ 和 $\dot{X}_f$ 在输入端有如下关系。

若 $\dot{X}_f$ 与 $\dot{X}_i$ 同相,则 $\dot{X}_d = |\dot{X}_i| - |\dot{X}_f| < \dot{X}_i$,即反馈信号削弱了净输入信号的作用,是负反馈。

9.2.2　负反馈的基本类型

根据反馈电路从放大电路输出端取样方式的不同,可分为电压反馈与电流反馈两种。反馈信号取自输出电压,称为电压反馈,如图 9 - 4(a)所示;反馈信号取自输出电流,称为电流反馈,如图 9 - 4(b)所示。

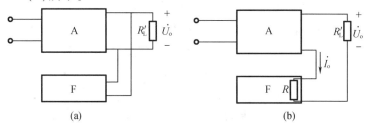

图 9 - 4　电压反馈和电流反馈

(a)电压反馈;(b)电流反馈

根据反馈信号与放大电路输入信号连接方式的不同,可分为串联反馈和并联反馈。反馈信号与放大电路输入信号串联为串联反馈,串联反馈的反馈信号以电压形式出现,如图 9 - 5(a)所示;反馈信号与放大电路输入信号并联为并联反馈,并联反馈的反馈信号以电流形式出现,如图 9 - 5(b)所示。

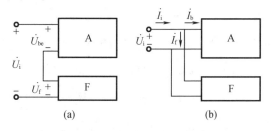

图 9 - 5　串联反馈和并联反馈

(a)串联反馈;(b)并联反馈

综上所述,负反馈的基本类型有以下四种:

(1)电压串联负反馈;

(2)电压并联负反馈;

(3)电流串联负反馈;

(4)电流并联负反馈。

9.2.3　反馈类型的判别

判断放大电路中反馈的类型,可以按如下步骤进行。

(1)找出反馈元件(或反馈电路),确定在放大电路输出和输入回路间起联系作用的元件,如果有这样的元件存在,电路中才有反馈存在,否则就不存在反馈。

(2)判断反馈是电压反馈还是电流反馈。如果反馈信号取自放大电路的输出电压,就是电压反馈。在共发射极放大电路中,电压反馈的反馈信号一般是由输出级晶体管的集电极取出的。如果反馈信号取自输出电流,则是电流反馈。在共发射极放大电路中,电流反馈的反馈信号一般是由输出级晶体管的发射极取出的。另外,可用输出端短路法判别,即将放大电路的输出端短路(注意:放大器的输出可等效为信号源;输出短路是将负载短路),如果短路后反馈信号消失了,为电压反馈,否则为电流反馈。

(3)判断是串联反馈还是并联反馈。如果反馈信号和输入信号是串联关系则为串联反馈。在共发射极放大电路中,串联反馈是通过反馈电路将反馈信号送到输入回路晶体管的发射极上,通过发射极电阻压降来影响输入信号。如果反馈信号和输入信号是并联关系则为并联反馈。在共发射极放大电路中,并联反馈是通过反馈电路将反馈信号送到输入级晶体管的基极上。对于运算放大器,若反馈信号和输入信号加在运算放大器的同一个输入端上是并联反馈,若反馈信号与输入信号加在不同的输入端上是串联反馈。

(4)判断正反馈和负反馈。判断正、负反馈可采用瞬时极性法。瞬时极性是指交流信号某一瞬间的极性,一般要在交流通路里进行判断。首先假定放大电路输入电压 U_i 对地的瞬时极性是正或负,然后按照闭环放大电路中信号的传递方向,依次标出有关各点在同一瞬间对地的极性(用"$+$"或"$-$"表示)。如果反馈信号削弱输入信号属负反馈,反之,属正反馈。

现在通过具体实例,参考以上介绍的步骤来判别具体放大电路的反馈类型。

【例 9 – 1】 判断如图 9 – 6 所示电路的反馈类型。

解 图 9 – 7 是如图 9 – 6 所示放大电路的交流通路。为了简单起见,将偏置电阻 R_{B1} 和 R_{B2} 略去。从放大电路的输出端看,反馈电压 $\dot{U}_f = \dot{I}_e R_E$ 是取自输出电流 $\dot{I}_e$(即流过 R'_L 的电流),故为电流反馈。从放大电路的输入端看,反馈信号 $\dot{U}_f$ 与输入信号串联,故为串联反馈。利用瞬时极性法,设在输入信号 $\dot{U}_i$ 的正半周其瞬时极性如图 9 – 7 所示,此时 $\dot{I}_b$ 和 $\dot{I}_e$ 也在正半周,其实际方向与图中的正方向一致。因此,这时 $\dot{I}_e \approx \dot{I}_c$,流过电阻 R_E 所产生的电压 $\dot{U}_E = \dot{I}_c R_E$ 的瞬时极性也如图所示,$\dot{U}_E$ 即为反馈电压 $\dot{U}_f$。

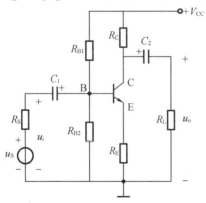

图 9 – 6　例 9 – 1 电路图

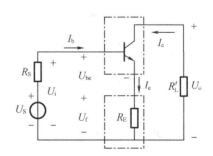

图 9 – 7　瞬时极性图

根据基尔霍夫定律可列出

$$\dot{U}_{be} = \dot{U}_i - \dot{U}_f$$

由于它们的正方向与瞬时极性一致,故三者同相,即都在正半周,于是可写成

$$U_{be} = U_i - U_f$$

可见,净输入电压 $U_{be} < U_i$,即 $\dot{U}_f$ 削弱了净输入信号,故为负反馈。

由以上分析可知,图 9 – 6 是电流串联反馈类型的放大电路。

【例 9 – 2】　判断如图 9 – 8 所示电路的反馈类型。

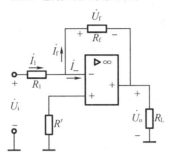

图 9 – 8　放大电路图

解　从如图 9 – 8 所示放大电路的信号通路可以看出,电阻 R_f 将运算放大器的输入和输出回路联系起来,因此该元件是反馈元件。若将负载短路,即将运算放大器的输出短路,则输出信号为零,而反馈信号也为零(虚地使 R_f 两端电位相等,"虚地"将在后面介绍),因此为电压型反馈。从输入端看,信号源的输入信号和经反馈电阻反馈回来的反馈信号均加在了运算放大器反相输入端,所以为并联反馈。因为净输入信号 $\dot{I}_- = \dot{I}_1 - \dot{I}_f$,由瞬时极性可知, $\dot{I}_f$ 将对 $\dot{I}_1$ 分流使 $\dot{I}_-$ 减小,反馈信号减弱了输入信号的作用,所以是负反馈。

综上所述,该电路的反馈类型是电压并联负反馈。

9.2.4　负反馈对放大电路性能的影响

1. 降低放大倍数

由图 9 – 7 可见,由于反馈电压 $\dot{U}_f$ 的存在,使真正加到晶体管发射极的净输入电压 U_{be} 下降,导致输出电压也下降,继而导致包含反馈回路后的电压放大倍数必然减小。反馈电压 U_f 越大,放大倍数减小的越多。

2. 提高放大倍数的稳定性

放大电路在工作过程中,由于环境温度变化、晶体管老化、电源电压变化等情况,都会引起放大电路放大倍数 A 发生变化,使放大倍数不稳定。加入负反馈后,在同样外界条件下,由于上述各种原因所引起的放大倍数的变化就比较稳定,即放大倍数比较稳定。

可以这样理解,在图 9 – 6 负反馈放大电路中,假设某种原因(例如更换 β 小的晶体管)使输出电压 U_o 下降,输出电流 $\dot{I}_o$ 下降,反馈电压 $\dot{U}_f$ 也下降,使净输入电压 $\dot{U}_{be}$ 增加, $\dot{U}_{be}$ 的增加又引起输出电压增加,从而使放大倍数变化不大。上述过程归纳为

$$\beta\!\downarrow\ \longrightarrow\ \dot{U}_o\!\downarrow\ \longrightarrow\hspace{3cm}\dot{A}\!\downarrow$$
$$\hspace{2cm}\dot{A}\text{变化不大}$$
$$\longrightarrow\ \dot{U}_f\!\downarrow\ \longrightarrow\ \dot{U}_{be}\!\uparrow\ \longrightarrow\ \dot{U}_o\!\uparrow\ \longrightarrow\ \dot{A}\!\uparrow$$

提高放大倍数的稳定性,这一点对放大电路来说非常重要。由于晶体管参数受温度影

响较大,同型号晶体管的参数差别也较大。因此,在放大电路中,采用负反馈,其优点就更为突出。

　　3.改善波形失真

　　放大电路由于工作点选择不合适,或者输入信号过大,都将引起输出信号波形的失真,如图9-9(a)所示为引入反馈前的波形失真。但引入负反馈后,可将失真的输出信号反送到输入端,使净输入信号发生某种程度的失真,经过放大后,即可使输出信号的失真得到一定程度的补偿。从本质上讲,负反馈是利用失真的波形来改善波形的失真,因此,只能减小失真,不能完全消除失真,如图9-9(b)所示。

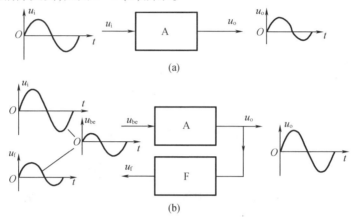

图9-9　反馈改善波形失真
(a)引入反馈前;(b)引入反馈后

　　4.对放大电路输入电阻、输出电阻的影响

　　不同类型的负反馈对放大电路的输入、输出电阻的影响不同。串联负反馈使输入电阻增大;并联负反馈使输入电阻减小。电压负反馈能减小输出电阻,稳定输出电压;电流负反馈能增大输出电阻,稳定输出电流。因此,必须根据不同用途引入不同类型的负反馈。此外,负反馈还可以使放大电路通频带得到扩展。

9.3　理想集成运算放大器的分析方法

9.3.1　理想运算放大器

　　在分析运算放大器时,为了使问题分析简化,通常把它看成一个理想元件。理想集成运算放大器的主要条件是:

　　(1)环差模电压放大倍数 $A_{ub} = \infty$;

　　(2)共模抑制比 $K_{CMR} = \infty$;

　　(3)开环差模输入电阻 $R_{id} = \infty$;

　　(4)开环输出电阻 $R_o = \infty$。

　　当然,理想的运算放大器是不存在的。但是由于实际集成运算放大器的参数接近理想集成运算放大器的条件,因此,常可以把集成运算放大器看成理想元件。用分析理想运算放大器的方法分析和计算实际运算放大器,所得结果完全可以满足工程要求。

集成运算放大器可以工作在线性区,也可以工作在非线性区。理想集成运算放大器的图形符号如图 9－10 所示,集成运算放大器的开环电压放大倍数 A_{ub} 很大,即使加到两个输入端之间的信号很小,甚至受到一些外界干扰信号的影响,都会使输出达到饱和而进入非线性状态,因此,集成运算放大器在开环或电路连接成正反馈的情况下应用时,集成运算放大器均属于非线性应用。在直流信号放大电路中使用的集成运算放大器是工作在线性区域的,把集成运算放大器作为一个放大元件应用,它的输入和输出之间应满足如下关系

$$u_o = A_{ub}u_1 = A_{ub}(u_+ - u_-) \tag{9-1}$$

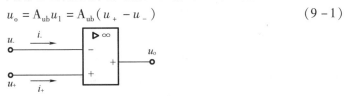

图 9－10　理想集成运算放大器的图形符号

理想集成运算放大器的电压传输特性如图 9－11 所示。图中横坐标为 $u_1 = u - u_o$,图中实线表示理想集成运算放大器的电压传输特性,虚线表示实际集成运算放大器的电压传输特性。由于实际集成运算放大器的 $A_{ud} \neq \infty$,当输入信号电压 $u_1 = u_+ - u_-$ 很小时,经放大 A_{ud} 倍后,输出电压值小于集成运算放大器的饱和电压 U_{o+}(或 U_{o-}),因此,实际集成运算放大器有一个线性工作区域(实际集成运算放大器电压传输特性曲线的斜直线部分),但由于 A_{ub} 很大,实际集成运算放大器的特性很接近理想特性,若集成运算放大器的外部电路接成正反馈,则可以加快变化过程,使实际的电压传输特性更接近理想特性。

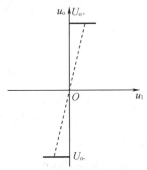

图 9－11　理想集成运算放大器的电压传输特性

为了使集成运算放大器工作在线性区,通常把外部电阻、电容、半导体器件等跨接在集成运算放大器的输出端与输入端之间构成负反馈的工作状态中,限制其电压放大倍数。

工作在线性区域的理想集成运算放大器,有两个重要结论。

(1)运算放大器同相输入端和反相输入端的电位相等(虚短)。

由式(9－1)可知,在线性工作范围内,集成运算放大器两个输入端之间的电压为 $u_i = u_+ - u_- = \dfrac{u_o}{A_{ud}}$。而理想集成运算放大器的 $A_{ud} = \infty$,输出电压 u_o 又是一个有限值,所以有

$$u_i = u_+ - u_- = 0$$

即有

$$u_+ = u_- \tag{9-2}$$

(2)集成运算放大器,同相输入端和反相输入端的输入电流等于零(虚断)。因为理想集成运算放大器的 $R_{id} = \infty$,所以由同相输入端和反相输入端流入集成算放大器的信号电流为零,即

$$i_+ = i_- = 0 \tag{9-3}$$

由第一个结论可知,集成运算放大器同相输入端和反相输入端的电位相等,因此,两个输入端之间仿佛短路,但又不是真正的短路(即不能用一根导线把同相输入端和反相输入端短接起来),故这种现象称为"虚短"。理想集成运算放大器工作在线性区域时,"虚短"现象总是存在的。

由第二个结论可知,理想集成运算放大器的两个输入端从外部电路取用电流时,两个输入端之间仿佛断开一样,但又不能真正的断开,故这种现象称为"虚断"。对于理想集成运算放大器而言,无论它工作在线性区,还是工作在非线性区,式(9-3)总是成立的。

应用上述两个结论,可以使集成运算放大器应用电路的分析大大简化,因此,这两个结论是分析具体集成运算放大器组成电路的依据。

运算放大器工作在饱和区时,式(9-1)不能满足,这时输出电压 U_o 只有两种可能,或等于 U_{o+},或等于 U_{o-},而 U_+ 与 U_- 不一定相等:当 $u_+ > u_-$ 时,$U_o = U_{o+}$;当 $u_+ < u_-$ 时,$U_o = U_{o-}$。

9.3.2 反相输入运算电路的分析方法

反相输入运算电路是一类线性放大电路,带放大的输入信号加在反相输入端与参考端之间,经放大后的输出信号与输入信号相位相反。这是应用最广的一种输入方式,可构成反相比例、加法、微分、积分、对数等运算电路。

1. 反相比例运算电路

如图 9-12 所示的电路,输入信号 u_i 经过电阻 R_1 加到集成运算放大器的反相输入端与地之间,反馈电阻 R_f 跨接在输出端与反相输入端之间,其作用是使电路工作在线性状态。该电路的反馈类型为电压并联负反馈,可根据9.2.3节叙述的方法判断。如图 9-12 所示电路称为反相输入比例运算放大电路,它是反相输入运算电路中最基本的形式。由于实际集成运算放大器的 A_{ud}、R_{id} 均不是无穷大,因此式(9-2)和式(9-3)都是近似关系式,故 $u_+ = u_- \approx 0$。分析图 9-12 电路可知,因为反馈上无电压降,所以集成运算放大器反相输入端的电位近似等于"地"电位,但又不是"地"电位,这种现象称为"虚地"。"虚地"是反相输入运算电路的一个重要特点,应用"虚地"的特点分析反相输入的运算电路是十分方便的,利用虚地的概念可知 $u_+ = u_- = u_0$,有

$$u_+ = u_- = 0$$

$$i_1 = \frac{u_i - u_-}{r_1} = \frac{u_i - 0}{r_1} = \frac{u_i}{r_1}$$

$$i_f = \frac{u_- - u_o}{R_1} = \frac{0 - u_o}{R_f} = -\frac{u_o}{R_f}$$

由于

$$i_1 = i_f$$

因此

$$u_o = -\frac{R_f}{R_1}u_i \qquad (9-4)$$

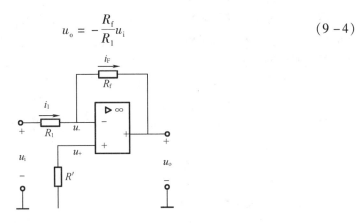

图 9 - 12　反相输入比例运算放大器

　　由式(9-4)表明，u_o 与 u_i 之间成比例关系，比例关系为 R_f/R_1。式中负号表示输出电压与输入电压反相位，这就是反相比例运算放大电路名称的由来。

　　由式(9-4)表明，u_o 与 u_i 的关系与集成运算放大器本身的参数无关，仅与外部电阻 R_1 和 R_f 有关。因此，只要电阻的精度和稳定性很高，计算的精度和稳定性就很高。

　　在图 9-12 电路中，同相输入端的外接电阻 R' 称为平衡电阻，它的作用是保证运算放大器差分输入级的输入端静态电路的平衡。运算放大器工作时，它的两个输入端静态基极偏置电流将在电阻 R_1、R' 上分别产生压降，从而影响差分输入级的输入端电位，使得运算放大器的输出端产生附加偏移电压。亦即当外加信号 $u_i = 0$ 时，输出信号将不为零。平衡电阻 R' 的作用就是当 $u_i = 0$ 之间的等效电阻为 $R_1 /\!/ R_f$，因而平衡电阻 R' 应为

$$R' = R_1 /\!/ R_f \qquad (9-5)$$

反相比例运算电路的输入阻抗是

$$r_i = \frac{u_i}{i_i} = \frac{R_1 I_i}{I_i}R_1 \qquad (9-6)$$

反向比例运算电路的特点是：
①输出与输入信号相位相反；
②输出信号是输入信号的 $\frac{R_f}{R_1}$ 倍，输出信号可能大于输入信号，也可能小于输入信号；
③输入阻抗较小，约等于 R_1；
④输出阻抗较小；
⑤同相输入端与反相输入端之间为虚短；
⑥输入端存在虚地现象；
⑦不存在共模输入信号。

　　当选取 $R_1 = R_f$ 时，$u_o = -u_1$，即 u_o 与 u_i 大小相等、相位相反，那么图 9-12 电路称为反相器或倒相器。

　　【例 9-3】　有一电阻式压力传感器，其输出阻抗为 500 Ω，测量范围是 0~10 MPa，其灵敏度是 +1 mV/0.1 MPa，现在用一个 0~5 V 的标准来显示这个压力传感器测量的压力

变化,即需要一个放大器把压力传感器输出的信号放大到标准表输入所需的状态。设计这个放大器并确定各元件参数。

解 因为压力传感器的输出阻抗较低,所以可采用由输入阻抗较小的反相比例电路构成的放大器。由于标准表的最高输入电压对应着压力传感器 10 MPa 时的输出电压值,而传感器这时的输出电压为 100 mV,也就是放大器的最高输入电压,而这时放大器的输出电压应是 5 V,因此,放大器的电压放大倍数是 50 倍。又因为相位与需要相反,所以在第一级放大器后再接一级反相器,使相位符合要求。根据这些条件来确定电路的参数:

(1)取放大器的输入阻抗是信号源内阻的 20 倍(可满足工作需求),即 $R_1 = 10$ kΩ;

(2)$R_f = 50 R_1 = 500$ kΩ;

(3)$R' = R_1 /\!/ R_f = \dfrac{10 \times 500}{10 + 500} \approx 9.8$ kΩ;

(4)运算放大器均采用 LM741;

(5)采用对称电源供电,电源电压可采用 10 V(放大器最大输出电压是 5 V);

(6)$R_1 = R_{12} = 50$ kΩ;

(7)$R_2 = R_{12} /\!/ R_{12} = 25$ kΩ。

2. 反相加法运算电路

图 9 - 13 所示电路的基础上增加若干个输入电路,可以对多个输入信号实现代数相加运算。如图 9 - 14 所示是具有两个输入信号的反相加法运算电路。

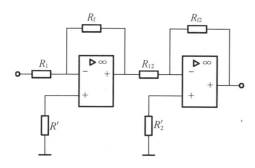

图 9 - 13 多输入运算电路

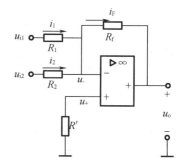

图 9 - 14 反向加法运算电路

由图 9 - 14 分析可知

$$I_1 = \frac{u_{i1}}{R_1}$$

$$I_2 = \frac{u_{i2}}{R_2} \qquad I_f = I_1 + I_2 \qquad I_f = \frac{0 - u_o}{R_f}$$

由上列各式可得

$$u_o = -\left(\frac{R_f u_{i1}}{R_1} + \frac{R_f u_{i2}}{R_2} \right) \qquad\qquad (9-7)$$

由式(9 - 7)可以看出,u_o 与 u_i 的关系仅与外部电阻有关,因此,反相加法运算电路也能做到很高的运算精度和稳定性。

若使 $R_f = R_1 = R_2$,则

$$U_o = -(u_{i1} + u_{i2}) \qquad\qquad (9-8)$$

式(9-8)表明,输出电压等于输入电压的代数和。

图9-14中的平衡电阻为

$$R' = R_1 /\!/ R_2 /\!/ R_f$$

3. 反相积分电路

把反相比例运算电路中的反馈电阻 R_f 换成电容 C_f 就构成了反相积分电路,如图9-15所示。

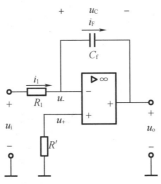

图9-15　反相积分电路

根据虚地的特点,分析图9-15可知

$$i_1 = \frac{u_i - 0}{R_1} = \frac{u_i}{R_1}$$

$$i_c = i_f = i_1$$

$$u_o = -u_i = -\frac{1}{C_f}\int i_c \mathrm{d}t$$

则有

$$u_o = -\frac{1}{C_f}\int \frac{u_i}{R_1}\mathrm{d}t = -\frac{1}{C_f R_1}\int u_i \mathrm{d}t \tag{9-9}$$

式(9-9)表明, u_o 与 u_i 是积分运算关系,式中负号反映 u_o 与 u_i 的相位关系。 $R_1 C_f$ 称为积分时间常数,它的数值越大,达到某一 u_o 值所需的时间越长。当 $u_i = u$(直流)时,有

$$u_o = -\frac{u_i}{C_f R_1}t \tag{9-10}$$

若 u_i 是一个正阶跃电压信号,则 u_i 随时间近似线性关系下降,对于如图9-15所示的电路,输出电压最大数值为集成运算放大器的饱和电压值。输入、输出电压波形如图9-16所示。

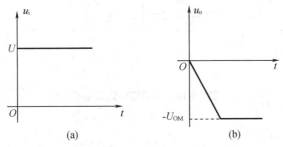

图9-16　输入输出电压波形

(a)输入电压波形;(b)输出电压波形

4. 反相微分电路

如果把反相比例运算电路中的电阻 R_1 换成电容 C，则成为微分运算电路，如图 9－17 所示。

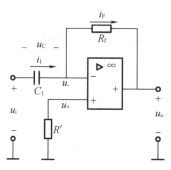

图 9－17　反相微分电路

根据电路可以得到

$$i_1 = i_C = i_F u_i = u_C u_o = i_F R_f i_C = C_1 \frac{du_C}{dt}$$

$$I_1 = I_C = I_f u_i = U_C U_o = -I_f F_f I_C = C_1 \frac{du_C}{dt}$$

$$u_o = -R_f C_1 \frac{du_C}{dt} = -R_f C_1 \frac{du_i}{dt} \tag{9－11}$$

式中　$C_1 R_1$——微分时间常数。

9.3.3　同相输入计算电路的分析方法

1. 同相比例运算电路

如图 9－18 所示电路，输入信号 u_i 通过 R_2 加到集成运算放大器的同相输入端。电阻 R_f 跨接在输出端与反向输入端之间，使电路工作在闭环状态。由图分析可知，该电路的反馈形式为电压串联负反馈。如图 9－18 所示电路称为同相比例运算电路。

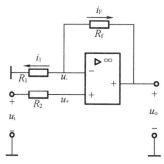

图 9－18　同相比例运算电路

由图 9－18 电路分析可得

$$u_+ = u_- i_1 = \frac{u_-}{R_1}$$

$$i_\mathrm{F} = \frac{u_- - u_\mathrm{o}}{R_\mathrm{f}} \quad i_\mathrm{F} = -i_1$$

$$u_\mathrm{i} = u_+ = u_-$$

由上述关系式得

$$-\frac{u_\mathrm{i}}{R_1} = \frac{u_\mathrm{i} - u_\mathrm{o}}{R_\mathrm{f}}$$

整理后得

$$u_\mathrm{o} = \left(1 + \frac{R_\mathrm{f}}{R_1}\right) u_\mathrm{i} \qquad (9-12)$$

上式表明，输出电压 u_o 和输入电压 u_i 成比例关系，比例系数是 $\left(1 + \dfrac{R_\mathrm{f}}{R_1}\right)$，而且 u_o 与 u_i 同相位。为了保证差分输入级的静态平衡，电阻 R_2 应满足 $R_2 = (R_1 /\!/ R_\mathrm{f})$ 的关系。

在如图 9-18 所示电路中，若 $R_1 = \infty$（即断开 R_1），如图 9-19 所示，由式（9-12）可知，这时电路的输出电压 u_o 等于输入电压 u_i，电路被称为电压跟随器。电压跟随器有极高的输入电阻和极低的输出电阻，它在电路中能起到良好的隔离作用。假若再令 $R_2 = R_\mathrm{f} = 0$ 则电路就会成为另一种形式的电压跟随器，如图 9-20 所示。

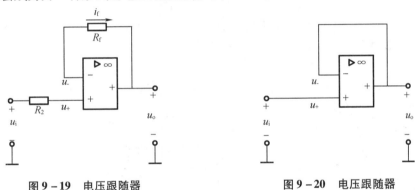

图 9-19　电压跟随器　　　　　　　　　图 9-20　电压跟随器

同相比例运算电路的特点是：

①输出与输入信号相位相同；

②输出信号是输入信号的 $\left(1 + \dfrac{R_\mathrm{f}}{R_1}\right)$ 倍，输入信号可能大于或等于输入信号；

③输入阻抗较大，约等于 r_id；

④输出阻抗较小；

⑤同相输入端与反相输入之间为虚短；

⑥不存在虚地现象；

⑦存在共模输入信号。

由前面的分析可知，反相输入和同相输入运算电路都存在虚短现象，但反相输入运算电路还存在虚地现象，而同相输入运算电路不存在虚地现象。

由于有 $u_\mathrm{i} = u_+$，$u_+ = u_- = u_\mathrm{i}$，说明两输入端的信号是共模信号，因此，同相输入比例运算放大电路，要求能承受共模信号，而反相输入比例运算放大电路不存在这个问题。

【例 9-4】　有一电容式压力传感器，其输出阻抗为 1 kΩ，测量范围是 0～10 MPa，其灵

敏度是 +1 mV/0.1 MPa,现在要用一个输入 0 ~ 5 V 的标准表来显示这个压力传感器测量的压力变化,即需要一个放大器把压力传感器输出的信号放大到标准输入所需要的状态。设计这个放大器并确定各元件参数。

解 因为压力传感器的输出阻抗很高,所以不能采用输入阻抗较小的反相比例电路构成放大器,而需要高输入阻抗的同相比例放大器。由于标准表的最高输入电压对应着压力传感器 10 MPa 时的输出电压值,而压力传感器这时的输入电压为 100 mV,也就是放大器的最高输入电压,即这时放大器的输出电压应是 5 V,因此,放大器的电压放大倍数是 5/0.1 = 50 倍,根据这些条件来确定电路的参数。

(1)取 $R_1 = 10$ kΩ;

(2)$R_f = (50 - 1)R_1 = 49 \times 10 = 490$ kΩ;

(3)$R_2 = R_1 /\!/ R_f = \dfrac{10 \times 490}{10 + 490} = 9.8$ kΩ;

(4)运算放大器采用高输入阻抗的 CA3140;

(5)采用对称电源供电,电源电压可采用 10 V(因为放大器最大输出电压是 5 V)。

9.3.4 差分输入运算电路的分析方法

当集成运算放大器的同相输入端和反相输入端都接有输入信号时,称为差分输入运算电路,如图 9 - 21 所示。

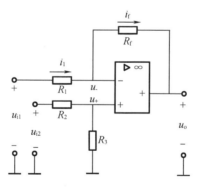

图 9 - 21 差分输入运算电路

由分析可得到如下关系式

$$u_- = u_+ = \frac{r_3 u_{i2}}{R_2 + R_3} \quad i_1 = \frac{u_{i1} - u_-}{R_1}$$

$$i_F = \frac{u_- - u_o}{R_f} \quad i_1 = i_F$$

综合以上关系式可以得到

$$u_o = \frac{u_{i2} R_3}{R_2 + R_3}\left(1 + \frac{R_f}{R_1}\right) - \frac{R_f}{R_1} u_{i1}$$

当 $R_3 = R_f, R_2 = R_1$ 时,有

$$u_o = \frac{R_f}{R_1}(u_{i2} - u_{i1}) \tag{9 - 13}$$

式(9-13)表明,输出电压 u_o 与两个输入电压的差值成正比。在 $R_3 = R_f$,$R_2 = R_1$ 的条件下,电路也满足了两个输入端对直流电阻相等的要求。

若再有 $R_1 = R_f$ 的条件成立,则式(9-13)又可写成

$$u_o = u_{i2} - u_{i1} \tag{9-14}$$

此时,图 9-21 的电路就成为一个减法运算电路。差分输入运算电路在测量与控制系统中得到了广泛的应用。

【例 9-5】　如图 9-22 所示电路是用运算放大器构成的测量电路,图中 U_S 为恒压源,若 ΔR_f 是某个非电量(例如应变、压力或温度)的变化所引起的传感元件的阻值变化量,试写出以 u_o 与 ΔR_f 之间的关系式。

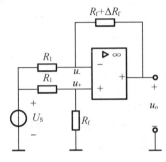

图 9-22　例 9-5 电路图

解　由差分放大电路输出与输入之间的关系式可得出

$$u_o = \left(1 + \frac{R_f + \Delta R_f}{R_1}\right) \cdot \frac{R_f U_S}{R_1 + R_f} - \frac{R_f + \Delta R_f}{R_1} U_S$$

整理上式得

$$u_o = \frac{\Delta R_f}{R_1 + R_f} U_S$$

计算结果表明,输出信号与传感元件电阻值的变化成正比。

差分放大器也常用于放大电桥输出信号,例如,用热敏元件组成测量温度变化的电桥,如图 9-23 所示。

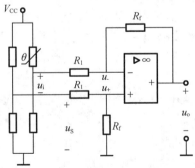

图 9-23　放大电桥输出信号

9.3.5 非线性电路的分析方法

前面讨论的都是用运算放大器构成的线性电路,本节要讨论的是用运算放大器构成的非线性电路。运算放大器的非线性特性在数字技术和自动控制系统中有着广泛的应用。用运算放大器构成的最常用的非线性电路是比较器。当运算放大器工作于开环,或者处于正反馈工作状态时,运算放大器就进入非线性工作区域。

1. 电压比较器

电压比较器是用运算放大器构成的最基本的非线性电路,它在电路中起着开关作用或模拟量转换成数字量的作用。运算放大器的两个输入端分别接输入信号 u_i 和参考(基准)电压 U_{REL},它的输出端可以接数字电路的输入端或接被控制的电路,也可以接能直接推动负载工作的功率放大器的输入端。如图 9-24 所示是一个模拟量变换成数字量的电路,图中运算放大器接成电压比较器形式,同相输入端接参考电压 U_{REL},它可以是正值或负值,也可以为零值(同相输入端接地)。输入的正弦模拟电压信号 u_i 接在反相输入端,与 U_{REL} 进行比较,当 u_i 略大于 U_{REL} 时,净输入电压 $u_+ - u_- < 0$,$u_o = -U_{OM}$;当 u_i 略小于 U_{REL} 时,$u_+ - u_- < 0$,$u_o = +U_{OM}$。在电压比较器的输入端进行模拟信号大小的比较,在输出端则以高电平或低电平(即为数字信号 1 或数字信号 0)来反映比较结果。输出电压与输入电压的关系称为电压比较器的传输特性。输入电压相同时,不同的基准电压将有不同的传输特性线,如图9-24 所示。

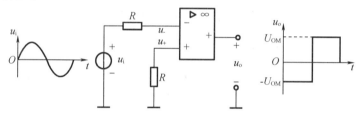

图 9-24 电压比较器

若参考电压 $U_{REL} = 0$,则输入信号 u_i 每次过零时,输出电压都会发生变化,其转折点在坐标原点,如图 9-25(a)所示,这样的比较器称为过零比较器。利用过零比较器可以实现信号的波形变换。例如,若输入信号为正弦波,则每过一次零点,比较器的输出就产生一次电压跳变,输出电压 u_o 为方波,如图 9-25(a)所示;若参考电压不为零,则转折点也随着改变,例如 $U_{REL} = -1\ V$,转折点如图 9-25(b)所示;若 $U_{REL} = 1\ V$ 时,转折点如图 9-25(c)所示。

有时为了将输出电压限制在某一特定值,以便与接入端的数字电路的电平配合,可在比较器的输入端与反相输入端之间跨接一个双向稳压管,用作双向限幅。双向稳压管的稳定电压为 U_Z,电路和传输特性如图 9-26 所示,输出电压 u_o 被限制在 $+U_Z$ 或 $-U_Z$。

2. 滞回比较器

在自动控制系统中经常要用到另外一种比较器,例如,对电冰箱进行温度控制的电子温度控制器。如果对它的要求是冰箱内温度达 10℃时,接通电源压缩机工作;当冰箱内温度下降到 0℃时,切断电源使压缩机停止工作。温度变化用热敏电阻检测,通过检测电路把温度变化转换成相应的电压变化,若该电压与温度的变化呈线性关系,即温度升高电压增大,这种控制将用到滞回比较器。

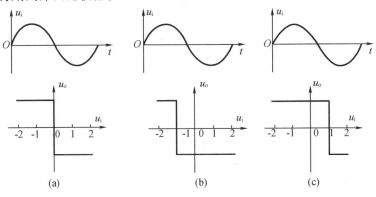

图 9 - 25　电压比较器传输特性曲线

（a）$U_{REF} = 0$；（b）$U_{REF} = -1$ V；（c）$U_{REF} = 1$ V

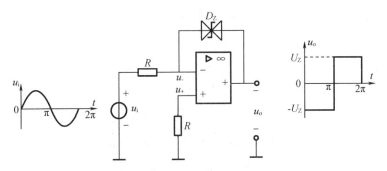

图 9 - 26　带双向稳压管电路和传输特性

　　下面通过对如图 9 - 26 所示的电路分析来看滞回比较器为什么能判断出两种控制状态。以电路的输出电压为 U_{OM} 这种假设条件来分析,采用叠加原理分析可知,集成运算放大器同相输入端的电位为

$$u_+ = \frac{R_f U_{REF}}{R_2 + R_f} + \frac{R_2 U_{OM}}{R_2 + R_f}$$

　　由图 9 - 26 可知 $u_- = u_i$,又由电压比较器的原理可知,当时 $u_i = u_+ = u_-$ 时,电路的输出状态将迅速发生转换,由 U_{OM} 转换到 $-U_{OM}$。电路的输出状态转换后,集成运算放大器同相输入端的电位也变换为

$$u_+' = \frac{R_f U_{REF}}{R_2 + R_f} + \frac{R_2 + (-U_{OM})}{R_2 + R_f}$$

　　当 u_i 减小到稍小于 u_+' 时,电路的输出状态又迅速发生转换,转换为 U_{OM},U_{OM} 电路的输入输出关系如图 9 - 27 所示。

　　电路的输出状态是在 $u_i = u_+$ 或 $u_i = u_+'$ 时发生转换的,由于 $u_i = u_+$,使电路的输入输出关系曲线具有滞回比较器的特性,故这种电路称为滞回比较器。如图 9 - 28 所示中的 3 个参数如下。

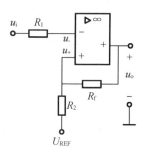

图 9 - 27　滞回比较器

u_+——上门限电平;

u_-——下门限电平;

$\Delta u = u_+ - u'_+$——回差电压(简称回差)。

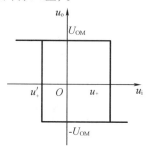

图 9 - 28　滞回比较器的传输特性曲线

　　有了滞回特性,就可以克服电压比较器中存在的由于零点漂移或输入噪声引起的输出误差变化,或实现两种不同条件要求的电路接通和切断。

　　由于运算放大器的输出电压具有离散性,因此常采用在输出端与反相输入端并接带双向稳压管的方法,如图 9 - 29 所示,把输出电压稳定在需要的数值上,可以通过改变 R_f 和 R_2 的值来改变回差,而用改变参考电压的数值来改变门限电平。

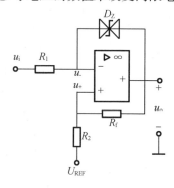

图 9 - 29　带双向稳压管的滞回比较器

　　【例 9 - 6】　电冰箱用电子温度控制器,当冰箱内温度达到 10 ℃时,接通电源使压缩机工作;当冰箱内温度下降到 0 ℃时,切断电源使压缩机停止工作。通常温度变化用热敏电阻检测,热敏电阻对应的温度变化是 0.1 Ω/℃,热敏电阻在 0 ℃时的电阻值是 50 Ω。用继电器控制压缩机电源的接通和切断,继电器线圈直流电阻 500 Ω,工作电压 10 ~ 12 V,采用由运算放大器构成的滞回比较器做继电器的接通和切断控制信号。信号放大器输出对应 10 ℃时为 0.6 V,对应 0 ℃时为 0.1 V。

(1)画出电原理图;
(2)计算出各元件参数。

解　本电路用电桥构成温度电压变换电路,用差分放大电路把微弱的对应温度变化的增量信号放大到滞回比较器,输入需要的数值,用运算放大器构成滞回比较器,用晶体管构成继电器的驱动电路,采用对称电源供电,电压为 12 V。为了避免电流引起的温度变化对电桥电阻的影响,把桥臂工作电流限制在 1 mA 以内。

(1)电原理图
如图 9 - 30 所示。

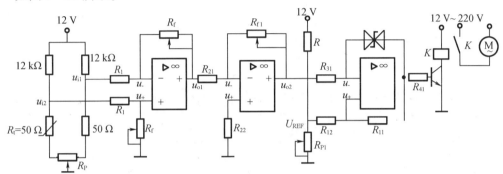

图 9 - 30　电原理图

(2)桥臂电阻计算
由于桥臂工作电流限制在 0.1 mA 以内,因此,各桥臂总电阻不小于 12 kΩ,取与热敏电阻串联的电阻阻值为 12 kΩ,另一个桥臂与之对称。为了调节电桥 0 ℃时需要的输出状态,接入一个 100 Ω 的电位器 R,如图 9 - 30 所示。

信号放大器参数计算:因为热敏电阻 0.1 Ω,又因为 $u_{o1} = \dfrac{R_f}{R_1}(u_{i2} - u_{i1})$,所以 $\dfrac{R_f}{R_1} = 10$,取 $R_1 = 10$ kΩ,则 $R_f = 100$ kΩ,第二级放大器因为 $u_{o2} = -\dfrac{R_{f1}}{R_{21}}u_{o1}$,所以 $\dfrac{R_{f1}}{R_{21}} = 50$,取 $R_{21} = 10$ kΩ,则 $R_{f1} = 500$ kΩ,滞回比较器参数计算采用 $U_Z = 6.2$ V 的双向稳压管,由于

$$u_+ = \frac{R_{f2} U_{REF}}{R_{32} + R_{f2}} + \frac{R_{32} U_{OM}}{R_{32} + R_{f2}}$$

则有

$$0.6 = \frac{R_{f2} U_{REF}}{R_{32} + R_{f2}} + \frac{6.2 R_{32}}{R_{32} + R_{f2}} \qquad (9 - 15)$$

$$u'_+ = \frac{R_{f2} U_{REF}}{R_{32} + R_{f2}} - \frac{R_{32} U_{OM}}{R_{32} + R_{f2}}$$

则有

$$0.1 = \frac{R_{f2} U_{REF}}{R_{32} + R_{f2}} - \frac{6.2 R_{32}}{R_{32} + R_{f2}} \qquad (9 - 16)$$

式(9-15)-式(9-16)得

$$0.5 = \frac{2 \times 6.2 \times R_{32}}{R_{32} + R_{f2}} = \frac{12.4 R_{32}}{R_{32} + R_{f2}}$$

$$\frac{R_{32} + R_{f2}}{R_{32}} = \frac{12.4}{0.5} = 24.8$$

因此

$$\frac{R_{f2}}{R_{32}} = 23.8$$

取 $R_{32} = 5\ \text{k}\Omega$，则

$$R_{f2} = 119\ \text{k}\Omega$$

式(9-15)+式(9-16)得

$$0.7 = \frac{2 R_{f2} U_{REF}}{R_{32} + R_{f2}} = \frac{2 \times 119 \times U_{REF}}{124}$$

因此

$$U_{REF} \approx 0.365\ \text{V}$$

取 $R_{31} = 10\ \text{k}\Omega, R = 11\ \text{k}\Omega, R_{P1} = 1\ \text{k}\Omega$，若晶体管的 $\beta = 50$，饱和降压 $U_{CES} = 1\ \text{V}$，则 $I_{CS} = \frac{11}{0.5} = 22\ \text{mA}, I_{BS} = \frac{6}{50} = 120\ \eta\text{A}$，因此 $R_{41} = \frac{(6.2 - 0.70)}{0.12} \approx 46\ \text{k}\Omega$。

9.4 集成运算放大器使用中应注意的问题

目前集成运算放大器应用很广，在选型、使用和调试时应注意下列的一些问题，以达到使用要求及精度，并避免在调试过程中损坏器件。

9.4.1 合理选用集成运算放大器的型号

集成运算放大器按其技术指标可分为通用型、高输入阻抗型、低漂移型、低功耗型、高速型、高压型、大功率型等；按其内部电路又可分为双极型和单极型；按每一集成片中运算放大器的数目又可分为单运算放大器、双运算放大器和四运算放大器。在设计时，应结合使用要求和性能来选用不同类型的运算放大器。

1. 高输入阻抗型

这类运算放大器主要用作测量放大器、模拟调节器、有源滤波器及采样－保持电路等，以减轻信号源负载，国产典型器件为 5G7650，其 r_{id} 可达 $10^{10}\ \Omega$。

2. 低漂移型

其一般用于精密检测、精密模拟计算、自控仪表、人体信息检测等，其信号常为毫伏或微伏级的微弱信号。典型器件为 5G7650，其 $u_{i0} = 1\ \mu\text{V}$，$\dfrac{\Delta U_{i0}}{\Delta T} = 10\ \text{nV/℃}$。

3. 高速型

其一般用于快速模数和数模转换器，有源滤波器、锁相环、精密比较器、高速采样保持

电路和视频放大器等,要求输出对输入的响应速度快。

4. 低功耗型

其一般用于遥测、遥感、生物医学和空间技术研究等对能源消耗有限的场合,其电源电压可达到 1.5 V。

5. 大功率型

其一般用于要求输出功率大的场合。典型器件如 MCELI65,在电源电压 18 V 下,最大输出电流可达 3.5 A,而一般集成运算放大器最大输出电压仅为 5 ~ 10 mA。

选型时,除了满足主要技术性能以外,还要考虑经济性。一般选用性能指标高的运算放大器,价格也相应较高,故无特殊要求的场合,可选用通用型、多运放型运算放大器。

目前运算放大器的类型很多,而每一种集成运算放大器的管脚数,每一管脚的功能和作用均不相同。因此,器件选好后必须查阅该型号器件的资料,以了解其指标参数和使用方法。

9.4.2　集成运算放大器的消振和调零

1. 消振

由于运算放大器内部晶体管的极间电容和其他寄生参数的影响,很容易产生自激振荡,破坏正常工作。为此,在使用时要注意消振,通常的方法是外接 RC 消振电路和消振电容,用它来破坏产生自激振荡的条件。是否已消振,可将输入端接"地",用示波器观察输出端有无自激振荡。目前,由于集成工艺水平的提高,很多运算放大器内部已有消振元件,不需外部消振电路。

2. 电路的调零

由于运算放大器的内部参数不可能完全对称,以致当输入信号为零时,仍有输出信号。为此,在使用时除了要求运算放大器的同相和反相两输入端的外接直流通路等效电阻保持平衡之外,还要外接调零电路。如图 9 – 31 所示的 LM741 运算放大器,它的调零电路由 – 15 V 电压、1 kΩ 固定电阻和调零电位器 R_p 组成。调零时应将电路接成闭环。一种是在无输入时调零,即将两个输入端接"地",调节调零电位器,使输出电压为零;另一种是在有输入时调零,即按已知输入信号电压计算出输出电压,而后将实际值调到计算值。

对于没有专用调零引脚的运算放大器,可在输入端采用调零电路措施,如图 9 – 31 所示。该调零措施的优点是电路简单、适应性广;缺点是电源电压不稳定等因素会使输出引进附加漂移。

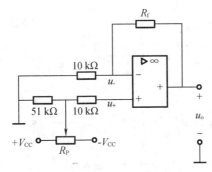

图 9 – 31　LM741 运算放大器

若在调零过程中,输出端电压始终偏向电源某一端电压,无法调零,则原因可能是接线有错或有虚焊,运算放大器成为开环工作状态。若在外部因素均排除后,仍不能调零,可能是器件损坏。

9.4.3 集成运算放大器的保护措施

1.电源端保护

为了防止电源极性接反,引起运算放大器损坏,可利用二极管的单向导电性能,在电源连接线中串接二极管来实现保护,如图 9 – 32 所示。

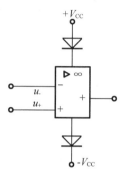

图 9 – 32　电源端保护

2.输入保护

当运算放大器的差模和共模输入信号电压过大时,会引起运算放大器输入极的损坏。另外,当运算放大器受到强的干扰信号或同相输入电路应用时,共模信号过大,可能是输出电压突然骤增到正电源和负电源的电压值而且维持不变,即产生了所谓"自锁现象"。这是运算放大器出现不能调零或信号加不进去的现象,此时应及时切断电源,重新通电后,集成运算放大器可恢复工作。自锁严重时,也会损坏运算放大器。为此,可在运算放大器输入端加限幅保护,如图 9 – 33 所示。将两只二极管 D_1、D_2 反向并联在两个输入端之间,利用二极管的正向限幅作用,把 a、b 间的电压限制在二极管正向压降的数值之内。运算放大器正常工作时,a、b 间的电压(即其输入电压)极小,两只二极管均处于截止状态(正向偏置的二极管工作于死区),对放大器的正常工作没有影响。

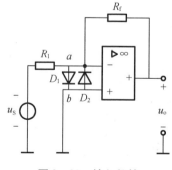

图 9 – 33　输入保护

3.输出保护

输出保护包括过电压保护和过电流保护。当输出端短接时,将产生过电流使运算放大器功耗过大,容易造成损坏。不过,多数集成运算放大器组件内部已有过电流保护电路。如图 9 – 34 所示为常用的输出过电压保护电路,用双向稳压管 D_2 或两只对接的硅稳压二极管 D_{Z1} 和 D_{Z2} 并联于反馈电阻 R_f 的两端。运算放大器正常工作时,输出电压小于任一稳压二极管的稳压值 D_Z,稳压二极管不会被击穿,稳压二极管支路相当于断路,对运算放大器的正常工作无影响。当输出电压 u_o 大于一只稳压二极管的稳压值 U_Z 和另一只稳压二极管的正向压降 U_D(一般为 0.6 ~ 0.7 V)之和时,一只稳压二极管被反向击穿,另一只稳压二极管正向导通。此时,稳压二极管支路相当于一只与 R 并联的电阻,增强了负反馈的作用,从而把输出电压限制在 $\pm(U_Z + U_D)$ 的范围内,防止了输出端的过电压。

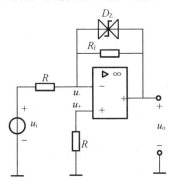

图 9 – 34　输出过电压保护

本 章 小 结

1. 运算放大器具有很高的电压放大倍数、高输入阻抗、低输出阻抗的特性。运算放大器可以工作于两种状态,即线性和非线性状态。若使运算放大器工作于线性状态必须引入负反馈。

2. 实际运算放大器与理想运算放大器非常相似,因此,在分析运算放大器时,可以把它看成是理想运算放大器。"虚短""虚断"是非常重要的概念,"虚地"只适用反相线性运算电路。

3. 反相运算电路无共模电压的影响,但输入阻抗低;同相运算电路输入阻抗高,但存在共模信号的影响。

4. 运算放大器既可以用于直流电路也可以用于交流电路。

5. 运算放大器的非线性应用可以引入正反馈也可以不引入反馈。非线性应用主要用于比较器和波形产生电路。

习　　题

9 – 1　什么是零点漂移,产生零点漂移的主要原因是什么,零漂对放大器的输出有何影响？

9-2 在图9-35中,设集成运算放大器为理想器件,试求如下情况下的输入、输出关系:

(1)开关S_1、S_3闭合,S_2断开;

(2)开关S_1、S_2闭合,S_3断开;

(3)开关S_2闭合,S_1、S_3断开;

(4)开关S_1、S_2、S_3均闭合。

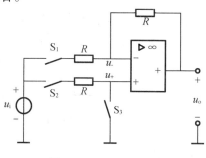

图9-35 题9-2图

9-3 试求如图9-36所示电路的u_o与u_i的运算关系式。判断各运算放大器引用的反馈类型。

9-4 试求如9-37所示电路的u_o和R_2。判断其反馈类型。

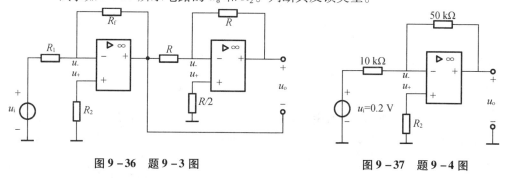

图9-36 题9-3图   图9-37 题9-4图

9-5 电路如图9-38所示,设图中$R_1 = R_2 = R_F = R$,输入电压u_{i1}和u_{i2}的波形如图所示,试画出输出电压u_o的波形。

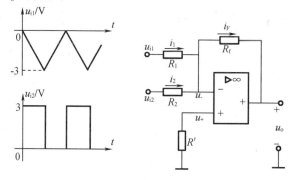

图9-38 题9-5图

9 - 6 试求如图 9 - 39 所示的输出电压 u_o。

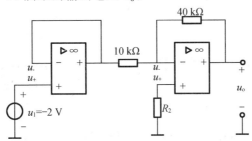

图 9 - 39 题 9 - 6 图

9 - 7 在如图 9 - 21 所示的差分输入运算电路中,若 $R_1 = R_2 = 4$ kΩ,$R_f = R_3 = 20$ kΩ,$u_{i1} = 1.5$ V,$u_{i2} = 1$ V,试求输出电压 u_o。

9 - 8 在如图 9 - 15 所示的反相积分电路中,若 $R_1 = 50$ kΩ,$C_f = 1$ μF,u_i 的波形如图 9 - 40 所示。试画出下列两种情况下的 u_o 的波形,并在波形图上标明 u_o 的幅值。

(1) $u_C(0) = 0$;

(2) $u_C(0) = -0.5$ V。

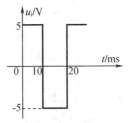

图 9 - 40 题 9 - 8 图

第10章

电源电路及其应用

在我们的生活、生产和科研活动中都离不开电(能)。从能量转换的角度来讲,人们要将电能转换成生产与生活中所需要的能量形式。例如,将电能转换成光能可用来照明,电能转换成机械能可用来运送人员和物资等,这些人们需要的电能是由谁来提供的呢? 电源,从电源提供的电流方向是否随时间而发生变化,将电源分为交流电源和直流电源。

所谓交流电即电流的方向和大小随时间而改变,例如,正弦交流电的电流值和电流的方向按正弦规律变化。

所谓直流电即电流的方向随时间不发生改变,包括脉动直流电、稳压直流电。其中,我们生活和生产中最常用的是正弦交流电源,例如住宅、办公室、学生教室、宿舍等场所使用的都为正弦交流电源;除了正弦交流电以外,在许多方面我们还必须使用另外一种电源,直流电源。例如,生产中的电解、电镀,多种电子设备及装置中都需要直流电源供电。例如手机充电器充电所需的电源、电动剃须刀电动机的运转所需的电源、电脑的 CPU 风扇所需的电源等。

所谓直流电源即能提供直流电的电路装置和设备。直流电获得的方式有以下三种。

第一种电池(干电池、蓄电池等);第二种直流发电动机;第三种将生产和生活的正弦交流电经一定的电路变成直流电。其中,第三种办法最为方便且最为经济。今天大家一起来探讨的就是这种将正弦交流电经一定的电路变成稳压直流电的电源电路(直流稳压电源)的构成及工作过程。

10.1　直流稳压电源的组成及各部分作用

10.1.1　直流电源的组成

直流电源的组成方框图如图 10 – 1 所示。

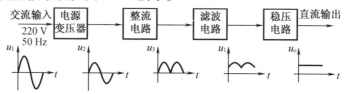

图 10 – 1　直流电源的组成方框图

10.1.2　各部分作用

1. 电源变压器

电源变压器将市电 220 V 的正弦交流电变换成后面的整流电路所需的正弦交流电,主要是通过变压器来实现的。

2. 整流电路

整流电路是将交流电变换成一个大小变化,方向不变的脉动直流电的过程,通过具有单相导电性的元件二极管、晶闸管整流元件组成。

3. 滤波电路

滤波电路的作用是使交流成分进一步去除,其由储能元件电容器或电感元件组成。

4. 稳压电路

为了使电网电压波动或负载发生变化时的输出电压不受影响,必须采取稳压措施,稳压电路很多种。

10.2　整流电路

小功率直流电源电路,因功率比较小,通常采用单向交流供电,本章只讨论单相整流电路。

把交流电变成直流电的电路叫作整流电路。整流电路的主要元件是具有单向导电功能的二极管。下面介绍几种常见的整流电路。

1. 单相半波整流电路的组成及工作原理

(1)单相半波整流电路的组成及波形图

如图 10－2(a)所示为单相半波整流电路。由于流过负载的电流和加在负载两端的电压只有半个周期的正弦波,故称半波整流。如图 10－2(b)所示为单相半波整流电路波形图。

(2)负载上的直流电压和直流电流

直流电压是指一个周期内脉动电压的平均值,即

$$U_2 = \frac{1}{2\pi}\int_0^{2\pi} U_o \mathrm{d}(\omega t) = \frac{1}{2\pi}\int \sqrt{2} U_2 \sin \omega t(\omega t) = \frac{2\sqrt{2}}{2\pi} U_2 \approx 0.45 U_2$$

流过负载 R_L 上的直流电流为

$$I_o = \frac{U_o}{R_L} \approx 0.45 \frac{U_2}{R_L}$$

(3)整流二极管的参数

由图 10－2(a)可知,流过整流二极管的平均电流与流过负载的电流相等,即

$$I_D = I_o = \frac{0.45 U_2}{R_L}$$

当二极管截止时,它承受的反向峰值电压 U_{RM} 是变压器次级电压的最大值,即

$$U_{RM} = \sqrt{2} U_2$$

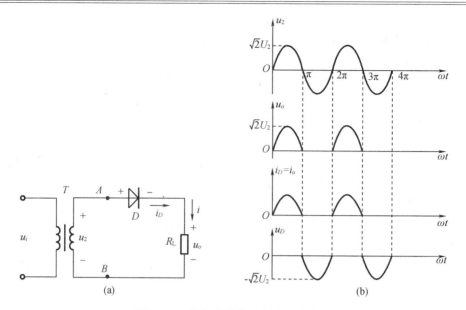

图 10 - 2　单相半波整流电路及波形图

（a）电路图；（b）波形图

2. 单相桥式全波整流电路

（1）电路的组成及工作原理

桥式整流电路由变压器和四个二极管组成，如图 10 - 3 所示。由图 10 - 3 可见，四个二极管接成了桥式。在四个顶点中，相同极性接在一起的一对顶点，接向直流负载；不同极性接在一起的一对顶点，接向交流电源。输出波形如图 10 - 4 所示。

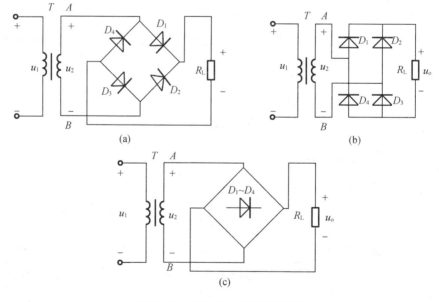

图 10 - 3　单相桥式全波整流电路

（a）电路画法一；（b）电路画法二；（c）电路画法三

变压器接入交流电源后，当副边电压 u_2 为正半周时（A 端为" $+$ "，B 端为" $-$ "），二极

管 D_1、D_3 因受正向电压作用而导通(简称正偏导通)。电流从 A 端流出,经过 V_1 流向负载 R_L 再经过 D_3 回到 B 端,电流方向如图 10 −5(a)中箭头所示。二极管 D_2、D_4 由于受反向电压的作用而不导通(简称反偏截止)。为分析方便,可认为二极管导通时的正向电压降为零,二极管加反向电压时,其反向电阻为无穷大。即在正半周时,C 点电位与 A 点相同,D 点电位与 B 点相同,输出电压 $u_o = u_2$。

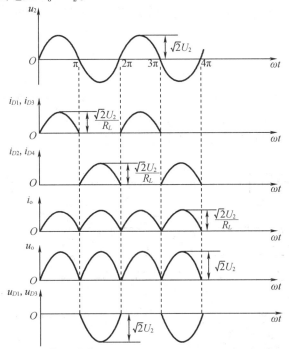

图 10 −4 单相桥式整流电路输出波形

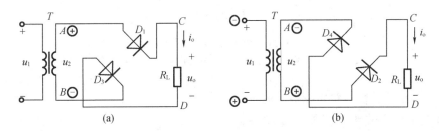

图 10 −5 单相桥式电路的电流通路

(a)u_2 正半周时;(b)u_2 负半周时

当 u_2 为负半周时,二极管 D_2、D_4 受正向电压作用而导通。电流的流向为由 B 端流过 D_2 流过 R_L 流过 D_4 流到 A 端。$u_o = -u_2$(式中的负号是对于电路假定的电压正向而言的)。

可见,在交流电源的正、负半周内都有电流通过负载 R_L,而且电流方向始终是从 C 点向 D 点,该电流是单向脉冲电流。二极管 D_2、D_4 是轮流导通的。

(2)负载上的直流电压和直流电流

由上述分析可知,桥式整流负载电压平均值和电流平均值是半波整流的两倍。

$$U_o = 0.9U_2$$

$$I_\mathrm{o} = 0.9 I_2 = 0.9 \frac{U_2}{R_\mathrm{L}}$$

（3）整流二极管的参数

在桥式整流电路中，由于二极管 D_1、D_3 和 D_2、D_4 在电源电压变化一周内是轮流导通的，所以流过每个二极管的电流平均值都等于流经负载电流平均值的一半，即

$$I_D = \frac{1}{2} I_\mathrm{o} = 0.45 \frac{U_2}{R_\mathrm{L}}$$

由图 10－5 可知，每个二极管在截止时承受的反向峰值电压为 $U_\mathrm{RM} = \sqrt{2}\, U_2$。

桥式整流电路与半波整流电路相比，电源利用率提高了 1 倍，同时输出电压波动小，因此，桥式整流电路得到了广泛应用。电路的缺点是二极管用得较多，电路连接复杂，容易出错，为了解决这一问题，生产厂家常将整流二极管集成在一起构成桥堆，其内部结构及外形图如图 10－6 所示。

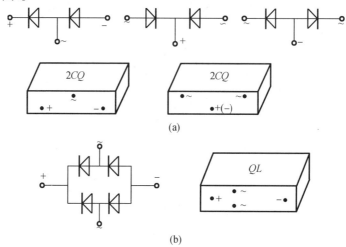

(a)

(b)

图 10－6　桥堆内部结构及外形图
（a）半桥堆；（b）全桥堆

（4）单相桥式整流电路中二极管的选择

①流过二极管的平均电流

由以上分析可知，在桥式整流电路中，二极管 D_1、D_3 和 D_2、D_4 是轮流导通的，因此在一个周期内每个管子流过的平均电流是输出平均电流的一半。

$$I_{D1} = I_{D2} = I_{D3} = I_{D4} = \frac{1}{2} I_\mathrm{o} = 0.45 \frac{U_2}{R_\mathrm{L}}$$

在选二极管时应使二极管的最大整流电流 $I_\mathrm{OM} \geqslant \frac{1}{2} I_\mathrm{o}$，一般选裕量为 2，即

$$I_\mathrm{OM} = I_0$$

②二极管上的反向电压 U_DM

二极管所承受的反向电压可以由图 10－5 中看出。当 D_1、D_3 导通时，D_2、D_4 管所承受的最高反向电压是 $\sqrt{2}\, U_2$。同理，当 D_2、D_4 导通时，D_1、D_3 管所承受的最高反向电压也是

$\sqrt{2}\,U_2$。因此,二极管的最大反向电压 $U_{DM} \geqslant \sqrt{2}\,U_2$,一般选裕量为 2 ~ 3。考虑到电网电压的波动范围为 $\pm 10\%$,在实际选用二极管时,应至少有 10% 的余量。

10.3　滤　波　电　路

　　单相桥式整流电路的输出电压是方向不变,但数值大小变化的单向脉动电压。输出电压中除了直流分量以外,还有交流分量。交流分量包括频率是电源频率的 2 倍、4 倍、6 倍、……的各种谐波,谐波的频率越高,幅度越小。这种输出电压的电源对高要求的电子仪器是不能满足的。为了得到比较平稳的直流电压,就要在上述的整流电路后面加上滤波电路。

　　滤波电路的作用是将输出电压中的交流成分尽量滤掉,剩下直流分量,使得到的直流电压比较平稳。常用的滤波电路有电容滤波、电感滤波、电容电感滤波、$LC\pi$ 型滤波和 $RC\pi$ 型滤波等,下面介绍几种常用的滤波电路。

10.3.1　电容滤波电路

　　如图 10 - 7 所示为单相桥式整流电容滤波电路,设负载为纯电阻 R_L。这种电路在负载两端并联了电容量较大的电解电容。利用电容的储能作用,当电源供给的电压升高时,电容把能量存储起来(充电);当电源电压降低时,电容又把所存储的能量释放出来(放电),使负载上得到比较平滑的直流电压。

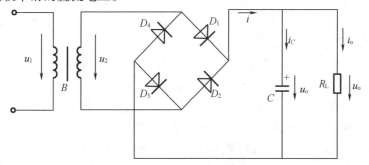

图 10 - 7　单向桥式整流电容滤波电路

　　不加滤波电容的单向桥式整流电路的输出电压 u_o 的波形如图 10 - 8(a)所示。加了滤波电容 C 后的输出电压 u_o 如图 10 - 8(b)所示。

　　1. 图 10 - 8(b)u_o 的 d 到 a 段

　　此时电源变压器副线圈输出正弦电压,u_2 为正半周,二极管 D_1、D_3 正偏导通,电源经二极管向负载 R_L 提供电流,同时向电容充电。若忽略二极管的正向压降,则电容 C 上的电压 $u_C = u_o = u_2$。

　　2. 图 10 - 8(b)u_o 的 a 到 b 段

　　此时电源变压器副线圈输出正弦电压 u_2 仍为正半周,交流电压从最大值 u_{2M} 开始减小且二极管 D_1、D_2、D_3、D_4 均反偏截止,电源不会经任何二极管向负载 R_L 提供电流。此时,电容与负载构成闭合回路,电容开始放电向负载提供电流。在这段时间内,通常按正弦规律变化的 u_2 下降速度比电容按指数规律放电的速度还要慢,很快又会使 $u_2 > u_C$,二极管仍正偏导通,使输出电压 u_o 跟随 u_2 下降一段时间。

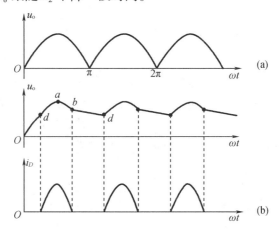

图 10 - 8　单向桥式整流电容滤波电路波形图
(a)输出电压波形;(b)加了滤波器电容 C 后的输出电压波形

3. 图 10 - 8(b) u_o 的 b 到 d 段

在这段时间里,u_2 的下降速度加快,电容上的电压 u_C 的下降速度比 u_2 的下降速度要慢,即 $u_C > u_2$,二极管 D_1、D_3 截止。D_1、D_3 截止后,电容 C 通过负载电阻 R_L 放电。输出电压 u_o 按指数规律下降。放电回路的时间常数 $\tau = R_L C$。若 τ 值大,u_o 下降速度就慢。当 u_o 下降到 d 点后,u_2 为负半波且数值大于 u_C,二极管 D_2、D_4 正偏导通,电容 C 重新开始充电,又重复上述 d 到 a 段的工作过程。

由图 10 - 8 可知,单相桥式整流电路加电容滤波后,所得到的电压脉动程度减弱了,输出电压的平均值显著提高,$u_o = 1.2 u_2$,输出电流也随之增大。

在没有加电容滤波的单相桥式整流电路中,二极管在正半周时间内均导通,即其导通的角度为 180°。加了电容滤波后,二极管的导通角度减少(例如,二极管 D_1、D_3 只在输出电压的 db 段导通),而输出电流平均值增大,故通过二极管的峰值电流必然比未加电容时的峰值电流大了许多,尤其是在电路刚通电的瞬间,电容器两端的电压为零,电源对电容的充电电流大,二极管受到较大电流的冲击。在选管时,二极管的最大整流电流 $I_{OM} = 2I_O$,二极管所承受的最高反向电压仍为 $\sqrt{2} U_2$。

从上面分析可知,RC 放电电路放电的快慢取决于 τ 的大小,τ 大放电较慢,τ 小放电较快。由 $\tau = R_L C$ 可知并联的电容 C 大(在不考虑负载 R_L 的情况下,负载是变化的。),则放电速度慢,u_o 的下降速度也慢。为了获得尽量平直的直流电压,电容值必须取得比较大,一般取 $R_L C > (1.5 \sim 2.5) T$(式中,T 为交流电源的周期)。

电容滤波直流电源电路的优点是输出电压高(与没有电容滤波的整流电路相比),波形比较平直,电路简单;缺点是对整流二极管的冲击电流大,另一个缺点是随着负载电阻的变化,输出电压的平均值也变化。例如,当负载电阻值变小时,则放电时间常数 τ 变小,电容放电速度加快,输出电压 u_o 随之降低。

【例 10 – 1】 已知单相桥式整流电容滤波电路如图 10 – 7 所示。如果 $U_L = 24$ V，$I_L = 10$ mA，电网工作频率为 50 Hz。试计算整流变压器次级电压有效值 U_2，并计算 R_L 和 C 的值。

解

由 $U_L = 1.2U_2$ 得

$$U_2 = \frac{U_L}{1.2} = \frac{24}{1.2} = 20 \text{ V}$$

由 $R_L = \frac{U_L}{I_L} = \frac{24}{10} = 2.4 \text{ k}\Omega$ 有

$$C \geqslant (3 - 5)\frac{T}{2R_L} = (3 - 5)\frac{0.02}{2 \times 2.4 \times 10^3} = (12.16 \sim 20.75)\ \mu\text{F}$$

故整流变压器次级电压有效值为 20 V，负载 R_L 值为 2.4 kΩ，滤波电容器的参数为 $C \geqslant (12.16 \sim 20.75)\ \mu\text{F}$。

电容滤波适用于负载较小的场合。电容量越大，滤波效果越好。

10.3.2　电感滤波电路

如图 10 – 9 所示为单电感滤波电路，由于通过电感的电流不能突变，用一个大电感与负载串联，流过负载的电路也就不能突变，电流平滑，输出电压的波形也就平稳了。其实质是因为电感对交流呈现很大的阻抗，频率越高，感抗越大，则交流成分绝大部分降落在了电感上。若忽略导线上的电阻，电感对直流没有压降，则直流电压都降落在负载上，便达到了滤波的目的。当 $X_L \gg R_L$ 滤波效果才好。经电感滤波后输出给负载的电压略小于全波整流后直接输给负载的电压平均值，若忽略电感线圈的铜阻，则 $U_o = 0.9U_2$。与电容滤波电路相比，电感滤波电路对整流二极管没有电流冲击，但为了使 L 值增大，多用铁芯电感，可使其体积增大、笨重且使其输出电压的平均值 U_o 略低。

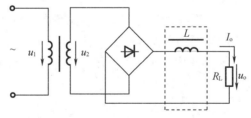

图 10 – 9　单电感滤波电路

10.3.3　复试滤波电路

复试滤波电路有 LC 滤波电路、LCπ 型滤波电路、RCπ 型滤波电路等。下面以 RCπ 型滤波电路为例，了解其电路组成及其工作过程。

如图 10 – 10 所示为 RCπ 型滤波电路，这种电路的滤波效果比前一种单电感滤波电路的滤波效果要好。

电容 C_1 两端的电压 u_o 在前面已分析过,虽然经过 C_1 滤波的输出电压比较平直,但仍有少量的交流成分。增加 R_1 和 C_2 环节后,只要选 C_2 的容抗很小,就可达到进一步滤波的效果。但由于增添了电阻 R_1,使直流分量会有所损失,故 R_1、C_2 的参数应合理选择。

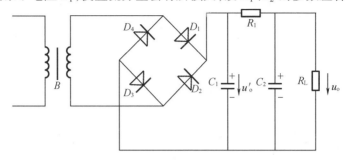

图 10 – 10 RCπ 型圆率的 π 波电路

对 C_1 两端电压 u_o' 中的直流分量而言,电容 C_2 可看作开路。设 u_o' 中直流分量为 u_o',负载两端电压 u_o 中的直流分量为 U_o,则 $U_o = \dfrac{R_L}{R_L + R_1} U_o'$。

为了使电阻 R_1 上的直流电压降不会过大,一般选 $R_1 = (0.1 \sim 0.2) R_L$,由此可得

$$U_o = (0.83 \sim 0.91) U_o'$$

对于 u_o' 中的交流分量,选择适当的电容器 C_2,使其满足 $X_{C2} = \dfrac{1}{(2\omega C)} \le R_L$ 则电容 C_2 与 R_L 并联后的复阻抗约等于电容 C_2 的容抗,即 $R_L //$

$$(jX_{C2}) \approx -jX_{C2}$$

令 u_o' 中的二次谐波分量为 U_{o2}',u_2 中的二次谐波分量为 U_{o2},则

$$\frac{U_{o2}}{U_{o2}'} = \frac{-jX_{C2}}{R_1 + (-jX_{C2})}$$

使 $X_{C2} \ll R_1$,则在输出电压 u_o 中的二次谐波电压 U_{o2} 就很小,二次谐波的电压绝大部分降落在电阻 R_1 上(因 $R_1 \approx 0.1R_L$,故 $X_{C2} \ll R_1$ 便是 C_2 选择的条件)。

电容的容抗随着频率上升而下降,故电容 C_2 对其他高次谐波的滤波效果更好,另外高次谐波的幅值均比二次谐波的幅值小得多,因此在输出电压中其他高次谐波的分量就更少了,输出直流电压更平稳。但由于直流分量在 R_1 有一定压降,故输出电压较纯电容滤波电路要低。

10.4 稳 压 电 路

稳压指输入电压波动或负载变化引起输出电压变化时,能自动调整使输出电压维持在原值。稳压电路是指能完成上述过程的电路。稳压电路有并联型稳压电路、串联型稳压电路、开关型稳压电路等多种类型。

10.4.1　简单并联型稳压电路

1. 电路组成

简单并联型稳压电路是最简单的稳压电路,由稳压二极管 D 和限流电阻 R 组成,如图 10-11 所示。同时,要注意稳压管的接法是反接工作的。

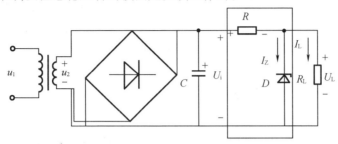

图 10-11　简单并联型稳压电路

2. 稳压过程

由图中标出的电流、电压的参考方向可得到 $I = I_Z + I_L$(I 为流过电阻 R 中的电流),$U_L = U_i - IR$(二极管正常工作时被反向击穿,反向击穿时二极管两端电压为 U_D 即 $U_D = U_L = R_L I$)。

(1)当电网电压波动而负载 R_L 不变时,若电网电压上升,则
$$U_i \uparrow \to U_L \uparrow \to I_Z \uparrow \to I \uparrow \to U_D \uparrow \to U_L \uparrow$$

由于当负载电阻不变,人们认为负载电阻两端电压 $U_D = R_L I = U_L$ 不变,而电源电压升高导致 U_i 升高时,U_L 也随之升高。由稳压管的反向特性曲线可知,当 U_D 有微量增加时,将引起 I_Z 的迅速增加,这使通过限流电阻 R 的电流 I 也增加,R 两端压降 IR 增大。由式 $U_L = U_i - IR$ 可知,U_i 增量的绝大部分降落在 R 上,从而使输出电压 U_L 基本上保持不变。同理,当电网电压波动而负载 R_L 不变时,若电网电压下降,则
$$U_i \downarrow \to U_L \downarrow \to I_Z \downarrow \to I \downarrow \to U_R \downarrow \to U_L \downarrow$$

从而使输出电压 U_L 基本上保持不变。

(2)当电网电压稳定而负载 R_L 变化时,若 R_L 减小,则
$$I_L \uparrow \to I \uparrow \to U_R \uparrow \to U_L \uparrow \to I \uparrow \to U_R \uparrow \to U_L \uparrow$$

由于当电源电压不变而负载电阻 R_L 变小时,输出电流 I_L 增加,总电流 I 也随之增加,电阻上 R 的电压降也增加,输出电压 U_L 下降。即使稳压管两端的电压微量下降,流过稳压管的电流 I_Z 也减小很多,但电阻上的电流 $I = I_Z = I_L$ 仅有微量的增加。可以这样说,负载多索取的电流来源于稳压的减流。由于 R 上电压 U_R 仅有微量的增加,而电源电压不变,故稳压管、负载两端电压 $U_L = U_i - IR$ 也只有微量下降,可近似认为不变。由以上分析可知,稳压电路上的电阻 R 是必不可少的。同理,可分析出若 R_L 增大,则
$$I_L \downarrow \to I \downarrow \to U_R \downarrow \to U_L \uparrow \to I \uparrow \to U_R \uparrow \to U_L \downarrow$$

3. 主要参数的计算

(1)输入电压
$$U_i = (2 \sim 3) U_Z$$

（2）稳压二极管的稳压值 U_Z 及最大工作电流 I_{Zmax}

$$U_Z = U_L$$

$$I_{Zmax} = (1.5 \sim 3)I_{Lmax}$$

（3）限流电阻的阻值 R

$$R_{min} > \frac{U_{imax} - U_L}{I_{Zmax} + I_{Lmin}}$$

$$R_{max} < \frac{U_{imax} - U_L}{I_{Zmax} + I_{Lmax}}$$

10.4.2　串联型稳压电路

1.电路组成

串联型稳压电路如图 10 – 12 所示。其中，取样环节由 R_3、R_4、R_5 构成；基准源由稳压管 D_S 和限流电阻 R_2 构成；D_2 为比较放大器，D_1 为调整管；R_1 既是 D_2 的集电极负载电阻，又是 D_1 的基极偏置电阻，以保证 D_1 处于放大状态。

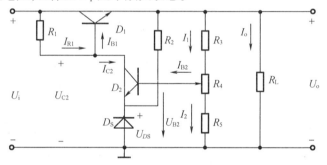

图 10 – 12　串联型稳压电路

2.稳压过程

（1）当负载 R_L 不变，输入电压 U_i 减小时，输出电压 U_o 有下降趋势，通过取样电阻的分压，比较放大器的基极电位 U_{B2} 下降，而比较放大器的发射极电位 $U_{E2} = U_{DS}$ 不变，因此，U_{BE2} 下降，I_{B2} 减小，I_{C2} 减小，U_{CE2} 升高，U_{C2} 升高，U_{BE1} 升高，调整管 D_1 导通能力增强，调整管 D_1 的集电极与发射极之间的电阻 R_{CE1} 减小，管压降 U_{CE1} 下降，输出电压 U_o 上升（$U_i = U_{CE1} + U_o$），保证了 U_o 基本不变。即输入电压 U_i 减小，减小到 U_{CE1}，从而维持输出电压 U_o 不变。当输入电压 U_i 增加时，稳压过程与上述过程相反。

（2）当输入电压 U_i 不变，负载 R_L 减小时，引起输出电压 U_o 有减小的趋势，则电路将产生下列调整过程

$$U_o \downarrow \rightarrow U_{B2} \downarrow \rightarrow U_{BE2} \downarrow I_{B2} \downarrow \rightarrow I_{C2} \downarrow U_{CE} \uparrow \rightarrow U_{C2} \uparrow \rightarrow U_{BE1} \uparrow \rightarrow I_{B1} \uparrow \rightarrow I_{C1} \uparrow \rightarrow U_{CE1} \downarrow \rightarrow U_o \uparrow$$

当负载 R_L 增大时，稳压过程与上述过程相反。由此看出，稳压过程实质上是通过负反馈使输出电压维持稳定的过程。在这种电源中，起调节作用的晶体管必须工作于线性放大状态，故称为线性串联型稳压电源。

3.输出电压的计算

串联型稳压电路的输出电压为

$$U_o = U_{DS} \frac{R_3 + R_4 + R_5}{R_5 + R_4''}$$

式中 R_4''——图 10 – 12 中 R_4 的下半部分电阻的阻值。

因此,调节电位器 R_4 的滑动端子,可调节输出电压 U_o 的大小。

人们在此基础上制成集成稳压电源。在这种稳压电源中采用了多种措施,使性能大为提高。例如,采用集成运算放大器作为比较放大器以抑制零点漂移,提高稳压电源的温度稳定性等。

10.4.3 串联型集成稳压电路

与分立器件构成的稳压电路相比,集成稳压器具有体积小、可靠性高、使用灵活、价格低廉等优点。目前,常见的集成稳压器有引出脚为多端(引出脚多余 3 脚)和引出脚为三端两种外部结构形式。现介绍用于广泛使用的三端集成稳压器。

1. 分类

按性能和用途可分为四类:

(1)三端固定输出正稳压器;

(2)三端固定输出负稳压器;

(3)三端可调输出正稳压器;

(4)三端可调输出负稳压器。

2. 三端集成稳压器含义、外形、命名及特性

(1)三端固定输出正稳压器

所谓三端是指电压输入端、电压输出端和公共接地端。三端固定输出正稳压器是指从输出端和公共端取出的电压,输出端为高电位端。系列命名为 W78 ＊ ＊系列,例如 W7805、W7812 等。其中,W78 代表三端固定输出正稳压器,78 后面的数字代表该稳压器输出正电压数值。例如,W7812 即表示输出电压为 12 V。三端固定输出正稳压器的外形如图 10 – 13(a)所示。

(2)三端固定输出负稳压器

三端固定输出负稳压器是指从输出端和公共端取出的电压,输出端为低电位端。系列命名为 W79 ＊ ＊系列,例如 W7905、W7912 等。其中,W79 代表三端固定输出负稳压器,79 后面的数字代表该稳压器输出负电压数值。例如,W7905 即表示输出电压为 5 V。三端固定输出负稳压器的外形和 W78 ＊ ＊系列相同,如图 10 – 13(b)所示。

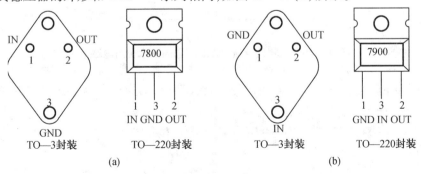

图 10 – 13 三端固定输出集成稳压器外形及引脚排列

(a)W78 ＊ ＊外引脚图;(b)W79 ＊ ＊外引脚图

（3）三端可调输出正稳压器

所谓三端是指电压输入端、电压输出端和电压调整端。三端可调输出正稳压器是指在电压调整端外接电位器后可对输出正电压的值进行调整，且输出端为高电位端。其主要特点是使用灵活。典型产品 CW＊17 系列命名为 CW117、CW217、CW317 等。其中，第一个数字代表工作温度，例如 CW117、CW217、CW317 工作温度分别为 – 55 ~ 150 ℃、– 25 ~ 150 ℃、– 25 ~150 ℃，如图 10 – 14（a）所示。

（4）三端可调输出负稳压器

所谓三端可调输出负稳压器与三端可调输出正稳压器相同。三端可调输出负稳压器是指在电压调整端外接电位器后可对输出负电压的值进行调整，且输出端为低电位端，其主要特点是使用灵活。典型产品系列命名为 CW137、CW237、CW337 等，如图 10 – 14（b）所示。

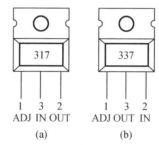

图 10 – 14　三端可调输出集成稳压器外形及引脚排列

（a）正可调；（b）负可调

3. 三端集成稳压器的应用

（1）三端固定输出正稳压器的基本应用电路

如图 10 – 15 所示，C_i 用以抵消输入端较长接线产生的电感效应，防止产生自激震荡，接线不长时可不用。C_o 用以改善负载的瞬态效应，减少高频噪声。

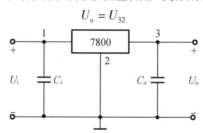

图 10 – 15　三端固定输出正稳压器的基本应用电路

（2）三端固定输出正稳压器构成的，可提高输出电压的稳压电路。图 10 – 16 中，输出电压为

$$U_o = U_{32} + U_Z = U_X + U_Z$$

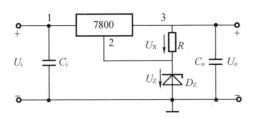

图 10 - 16　三端固定输出正稳压器构成的可提高输出电压的稳压电路

（3）三端固定输出正稳压器构成输出电压可调的稳压电路

如图 10 - 17 所示稳压电路，通过调整滑动变阻器可实现输出电压 U_o 在 7~30 V 范围内可调。

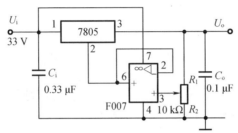

图 10 - 17　三端固定输出正稳压器构成输出电压可调的稳压电路

同理，由三端固定输出负稳压器构成的稳压应用电路和由三端固定输出正稳压器构成的稳压应用电路构成相同。

（4）三端可调输出稳压器的基本应用电路

如图 10 - 18 所示为三端可调正输出稳压器的基本应用电。CW317 的基准电压为 1.25 V，这个电压在输出端 2 和调整端 ADJ 之间，输出电压只能从 1.25 V 上调。可调输出电压稳压范围是（1.25~37）V，$U_o = 1.25\left(1 + \dfrac{R_2}{R_1}\right) + 50 \times 10^6 \times R_2 \approx 1.25\left(1 + \dfrac{R_2}{R_1}\right)$，即 $U_o \approx 1.25\left(1 + \dfrac{R_2}{R_1}\right)$，通过调整滑动变阻器 R_2 的值即可达到调整输出电压的 U_o 目的。

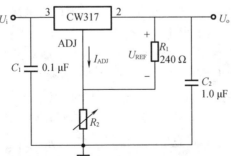

图 10 - 18　三端可调正输出稳压器的基本应用电

本 章 小 结

1. 整流电路的组成:变压器部分、整流部分、滤波部分、稳压部分。

2. 整流电路的工作原理,二极管的单向导电性;整流电路的种类及构成,整流电路中整流二极管的选取。

3. 滤波电路的滤波原理、滤波电路的种类、工作原理及滤波元件的选取。

4. 稳压电路的分类、各种稳压电路的构成、工作原理及典型应用。

(1)稳压电路分类

①并联型稳压电路;

②串联型稳压电路。

(2)并联型稳压电路

由稳压二极管和稳压电阻串联构成,稳压管与负载并联。

(3)串联型稳压电路

由调整管(三极管)与负载串联,比较放大器(三极管)通过负载两端电压变化来调整调整管的基极电流从而调整调整管的 U_{CE} 维持负载两端电压稳定。

(4)集成稳压电路

最常见的是三端集成稳压器,分为三端固定输出稳压器和三端可调输出稳压器;三端固定输出稳压器又可分为三端固定输出正稳压器(W78XX 系列)和三端固定输出负稳压器(W79XX 系列);三端可调输出稳压器又可分为三端可调输出正稳压器(CW∗17 系列)和三端可调输出负稳压器(CW∗37 系列)。

(5)三端集成稳压器的各种应用电路

该部分略。

习　　　题

10-1　将工频正弦交流电转换成直流电的直流稳压电源电路由四部分构成,分别是(　　　　)(　　　　)(　　　　)(　　　　)。

10-2　整流就是将交流电变换成一个大小变化方向不变的(　　　　)电的过程,整流电路就是指能完成整流过程的(　　　　),由整流元件(　　　　)来完成。二极管整流电路是利用(　　　　),将(　　　　)电转换成脉动的(　　　　)电。

10-3　滤波使指将经过整流电路交流输出的单向脉动直流电压中(　　　　)去除,使输出电压成为比较(　　　　)的直流电压的过程,由储能元件(　　　　或　　　　)来完成。

10-4　稳压是指输入电压波动或负载变化引起(　　　　)变化时,能自动调整使输出电压维持在原值。稳压电路是指能完成上述过程的(　　　　)。稳压电路有(　　　　)稳压电路、(　　　　)稳压电路、开关型稳压电路等多种类型。

10-5　如图 10-19 所示的电路中,若测得 a、b 两端电位如图所示,则二极管工作状态为(　　)

A. 导通　　　　　　　　　　B. 截止　　　　　　　　　　C. 不确定

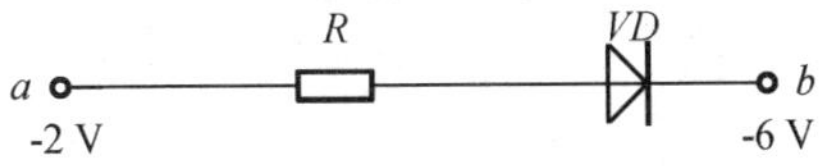

a ○————[R]————▷|————○ b
-2 V　　　　　　　　VD　　　　　-6 V

图 10-19　题 10-5 图

10-6　试绘出直流稳压电源电路图(要求,整流电路用桥式整流电路,用 L,$C\pi$ 型滤波,W7812 三端集成稳压器稳压)。

参考文献

［1］ 胡宴如.模拟电子技术［M］.北京:高等教育出版社,2008.

［2］ 刘彩霞.电工技术基础［M］.北京:国防工业出版社,2008.

［3］ 广东省安全生产教育中心.电工安全技术［M］.广东:广东科技出版社,1999.

［4］ 刘介才.供配电技术［M］.北京:机械工业出版社,2001.

［5］ 韩雪涛.简单轻松学电气安装［M］.北京:机械工业出版社,2014.

［6］ 张明海,王夕英.电工电子技术［M］.北京:人民邮电出版社,2009.

［7］ 王俊鹏.电路基础［M］.北京:人民邮电出版社,2015.

［8］ 周雪.电子技术基础［M］.北京:电子工业出版社,2003.

［9］ 曾令琴.电工电子技术［M］.北京:人民邮电出版社,2001.

［10］ 赵应艳.模拟电子技术［M］.北京:电子工业出版社,2014.

［11］ 罗力渊.电工电子技术应用［M］.北京:北京航空航天大学出版社,2015.

［12］ 增令琴.模拟电子技术［M］.北京:人民邮电出版社,2008.

［13］ 熊伟林,刘连青.现代电子技术基础(上册)［M］.北京:清华大学出版社,2004.